Andreas Hörtnagl

Berghirsche ansprechen

stv

Umschlaggestaltung:
Werbeagentur Rypka GmbH, 8143 Dobl/Graz, www.rypka.at
Bildnachweis: Sämtliche Fotos (auch auf der Umschlagvorder- und -rückseite) stammen vom Autor (sofern nicht anders angegeben).

Bibliografische Information der Deutschen Nationalbibliothek
Die Deutsche Nationalbibliothek verzeichnet diese Publikation in der Deutschen Nationalbibliografie; detaillierte bibliografische Daten sind im Internet unter http://dnb.d-nb.de abrufbar.

Hinweis: Dieses Buch wurde auf chlorfrei gebleichtem Papier gedruckt. Die zum Schutz vor Verschmutzung verwendete Einschweißfolie ist aus Polyethylen chlor- und schwefelfrei hergestellt. Diese umweltfreundliche Folie verhält sich grundwasserneutral, ist voll recyclingfähig und verbrennt in Müllverbrennungsanlagen völlig ungiftig.

Auf Wunsch senden wir Ihnen gerne kostenlos unser Verlagsverzeichnis zu:
Leopold Stocker Verlag GmbH
Hofgasse 5/Postfach 438
A-8011 Graz
Tel.: +43 (0)316/82 16 36
Fax: +43 (0)316/83 56 12
E-Mail: stocker-verlag@stocker-verlag.com
www.stocker-verlag.com

ISBN 978-3-7020-1747-7

Layout und Repro: Werbeagentur Rypka GmbH, 8143 Dobl/Graz
Druck und Bindung: Christian Theiss GmbH, 9431 St. Stefan

Andreas Hörtnagl

BERG-HIRSCHE ANSPRECHEN

Kriterien der Altersbestimmung

Leopold Stocker Verlag
Graz – Stuttgart

INHALT

ZUM GELEIT

Nichts ist in jagdlicher Hinsicht schwieriger als die Altersansprache des Wildes in freier Wildbahn.

Ganz besonders herausfordernd und vor allem folgenreich ist eine möglichst korrekte Altersschätzung bei Rothirschen der Klasse I.

Unser Bergrevier liegt im Nationalpark Hohe Tauern und umfasst ca. 4600 Hektar. Bejagt wird es zur Zeit von meinem Vater Dr. Hugo Hörtnagl, mir selbst sowie unserem Berufsjäger OJ Gerhard Toferer. Jagdlich helfend zur Seite steht uns noch Christian Oberrauter („Zauch“).

In diesem Paradies habe ich seit mehr als einem Jahrzehnt die einzigartige Möglichkeit, die Entwicklung des Rotwildes in Ruhe studieren zu können.

Das Fotografieren der einzelnen Hirsche erfolgte entweder in der Brunft, im Spätherbst oder im Winter beim Zuzug zu den beiden Fütterungen.

Mit diesem Buch möchte ich eine kleine Hilfestellung für ein erfolgreiches und vor allem freudenerfülltes Weidwerk auf den reifen Berghirsch geben.

Letztlich ist allerdings für die erfolgreiche Rotwildbewirtschaftung hinsichtlich der nachhaltigen Erlegungsmöglichkeit alter bzw. reifer Hirsche ein hohes Maß an Selbstdisziplin notwendig. Um in der reifen Altersklasse ohne Zufall ernten zu können, muss man zunächst eines lernen: Verzicht!

Viel Vergnügen mit der Lektüre und den Bildern!

Ihr Mag. Andreas Hörtnagl

Reimi, 13./14. Kopf

EINLEITUNG

Für jede Wildart gibt es „althergebrachte“, von erfahrenen Jägern weitergegebene Regeln für das „einwandfreie Ansprechen“. Diese vielen überlieferten Hilfsmerkmale bzw. Regeln zur Altersschätzung sind mehr oder weniger gut. Und die Realität zeigt, dass sie auch bei gewissenhafter Anwendung zu Fehleinschätzungen führen können. Denn jede Regel hat ihre Ausnahme – und vor allem ist jedes Wildtier als Individuum und für sich selbst betrachtet eine Ausnahme!

Was nun diese überlieferten Merkmale zur Altersbestimmung betrifft, so sind sie – um es vorwegzunehmen – keineswegs allgemeingültig. Egal, ob es um Statur, verschiedene körperliche Besonderheiten, Färbung, Verhalten usw. geht, kann man nicht mit Gewissheit sagen, dass z. B. ein Hirsch mit einem starken Träger auch unbedingt ein alter Hirsch sein muss.

Das seit Jahren immer wieder vorkommende Einkreuzen von Rotwild aus anderen Gebieten erschwert das Ansprechen in unseren Gebirgsrevieren zusätzlich ungemein, da herkömmliche Methoden wie z. B. die Altersschätzung des Rothirsches nach Staturmerkmalen absolut irreführenden sein können und häufig zu Fehleinschätzungen führen.

Auch hinsichtlich der Färbung sollte man sich nicht zu Trugschlüssen verleiten lassen, da sich die Farbe mit der Tageszeit und den gerade herrschenden unterschiedlichen Lichtverhältnissen grundlegend ändern kann.

Meiner Beobachtung nach gibt es wie beim Menschen gerade beim Rothirsch unterschiedliche Grundtypen hinsichtlich Körperbau und Aussehen. Diese werden ab Seite 16 beschrieben.

Davon unabhängig können noch zusätzliche individuelle Unterschiede beim jeweiligen Stück vorhanden sein. Und diese individuellen Eigenschaften können sich von Jahr zu Jahr verändern. Daran kann man die jeweiligen Altersmerkmale im Verhältnis zur Alterung durchaus erkennen. Andererseits können unterschiedliche Hirschtypen im gleichen Altersbereich absolut verschieden aussehen und wirken deshalb auch unterschiedlich alt!

Ich habe aus diesem Grund versucht, anhand ausgewählter Beispiele die individuelle Entwicklung einzelner Rothirsche vornehmlich im Erntealter zu dokumentieren.

Gerade ab dem 9. Kopf wird die Altersansprache wirklich interessant, und erst ab dem 12. Kopf erreicht der Hirsch aus meiner Sicht die wahre Erntereife.

Auer vom Lahngang, 10. Kopf

Auch wenn es für das Ansprechen keine hundertprozentigen Regeln zu geben scheint, eine Besonderheit trifft fast immer zu: Der Hirsch ist ein Gewohnheitstier! Er erscheint im Jahresrhythmus, manchmal sogar zeitlich unglaublich pünktlich, an „seinen" gewohnten Plätzen. Selbstverständlich müssen gleichbleibende Bedingungen wie zum Beispiel Ruhe gewährleistet sein, aber wenn diese Rahmenbedingungen gegeben sind, stellt sich der Hirsch normalerweise in seinem gewohnten Feist bzw. Brunft-Gebiet ein.

Diese Tatsache konnte ich auch in meinen früheren Revieren, die nicht mit einem so starken Rotwildbestand gesegnet waren, feststellen.

Wenn man über dieses Verhalten Bescheid weiß, kann man durch Beobachtung und genaues Studieren der Merkmale einzelner Hirsche deren Entwicklung bzw. Veränderung mitverfolgen.

Für eine sichere und einwandfreie Altersbestimmung am lebenden Hirsch ist daher ein Faktor ganz besonders entscheidend: Man muss seine Hirsche kennen und gegebenenfalls rasch erkennen! Und letztlich wird man ziemlich genau wissen, ob der Hirsch alt genug für die Erlegung ist.

Mein Vater hat mich in früheren Jahren immer eindringlich ermahnt: „Der Hirsch muss sein Geweih drehen!" Damit meinte er, dass man einen Hirsch generell von der Seite und von vorne betrachten sollte, weil nur auf diese Weise alle Details des dreidimensionalen Geweihs eindeutig erkannt und registriert werden können (siehe Seite 14 und 15: Löwenhaupt). Daher sollte man jeden Hirsch ausführlich beobachten, möglicherweise lieber auf den Schuss verzichten und erst bei absoluter Sicherheit mit reinem Gewissen den Griff zur Büchse wagen.

Um in der Lage zu sein, die einzelnen Hirsche zu erfassen und auch anderen Jägern zu beschreiben, empfehle ich, den Hirschen unmissverständliche Namen zu geben. Diese sollten sich entweder an besonderen äußerlichen Merkmalen oder an auffälligen Wesenszügen eines Hirsches orientieren. Auch besondere Erlebnisse im Zusammenhang mit der Beobachtung eignen sich für die Namensgebung ausgezeichnet.

Mir ist durchaus bewusst, dass das Benennen der Hirsche manchem Jäger nicht gefällt und teilweise sehr kritisch betrachtet wird, dennoch ist es ein sehr probates Mittel, um Verwechslungen zu vermeiden. In unserem Fall gibt es darüber hinaus noch einen sehr gewichtigen Grund für die Namen: Wenn ich einen Namen nenne, weiß unser Berufsjäger sofort, über welchen Hirsch wir reden! Denn Beschreibungen wie „der mit der Dreierkrone, den Eissprossen und den schwachen Rosen" würde uns bei der großen Anzahl an Hirschen, die wir Jahr für Jahr sehen, nicht weiterhelfen, zumal der Hirsch zum Beispiel im nächsten Jahr eine andere Kronen aufweisen könnte. Wenn hingegen vom „Schleicher" die Rede ist, wissen wir eindeutig, dass damit der kapitale Berghirsch mit ungemein langen Enden vom mindestens 14. Kopf gemeint ist.

Zudem verbindet man mit einem Namen im Allgemeinen ein visuelles Bild, man stellt sich die Person – in unserem Fall den Hirsch – bildlich vor. Diese Visualisierung ist für ein aktives kognitives Erfassen extrem hilfreich.

Grashirsch, 12+

DAS REVIER IM NATIONALPARK

Das Revier, in dem ich die vorliegende Altersstudie durchgeführt habe, liegt im wunderbaren Gasteinertal in der Gemeinde Bad Gastein und ist Teil des Nationalparks Hohe Tauern. Es handelt sich um ein Revier der Österreichischen Bundesforste (ÖBF). Die Jagdausübung in einem Nationalparkrevier unterscheidet sich gewiss in so manchen Belangen von jener in einer Gemeindejagd bzw. Eigenjagd. Aufgrund der Größe des Reviers und der hohen Wilddichte haben wir die Möglichkeit, als Zielalter für Hirsche der Klasse I mindestens den 12. Kopf anzustreben.

Zu unseren hohen Qualitätsstandards bei Fütterung, Abschusserfüllung etc. trägt auch unser hauptberuflich tätiger Berufsjäger maßgeblich bei.

Vorteile eines Nationalparkreviers

Was nun meine Altersstudie und die vorliegende Dokumentation betrifft, gibt es mehrere Aspekte, die ausschlaggebend dafür waren, mein Projekt überhaupt in dieser Art und Weise durchführen zu können. Deshalb kann ich sagen, dass die „Jagdpolitik" des Nationalparks Hohe Tauern durchaus Einfluss auf die Beobachtungsmöglichkeit und das Studium meiner so geliebten Hirsche hatte.

Erfahrungswerte

In den ersten Jahren gründeten wir als Partner gemeinsam mit dem Nationalpark Hohe Tauern eine Jagdgesellschaft. Das hatte zur Folge, dass wir zum Beispiel den bereits seit Jahren dort tätigen Berufsjäger Gerhard Toferer weiterhin beschäftigen konnten. Seine Erfahrung und Kenntnis der örtlichen Gegebenheiten ergänzten mein eigenes Wissen optimal, und diese Tatsache führte zu einem wertvollen Synergieeffekt.

Jagdpolitik

Vor unserem Beitritt in die Nationalpark-Jagdgesellschaft wurden in unserem Revier eine Jagdpachtperiode lang lediglich Kahlwild sowie Hirsche der Klasse III entnommen, um auf diese Weise den Rotwildbestand zu kontrollieren. Diese Strategie seitens der Nationalparkverwaltung hatte logischerweise zur Folge, dass Hirsche der Klasse II sowie der Klasse I grundsätzlich geschont wurden. Für uns entstand somit der nicht zu unterschätzende Vorteil, dass wir ein Revier übernahmen, das von vornherein mit einer herausragenden Altersstruktur beim männlichen Rotwild gesegnet war. Alte und uralte Hirsche zogen von Anbeginn unserer Pachtzeit in reichlicher Zahl ihre Fährten durchs Kötschachtal.

Grundsätzlich war zudem der äußerst professionell durchgeführte Fütterungsbetrieb von Anfang an eine wertvolle Stütze für meine Arbeit. Durch die tägliche Futtervorlage während der Fütterungsperiode gelang es, das gesamte Rotwild lokal an den Fütterungsstandort zu binden und das Wild zumindest in der Fütterungszeit halbwegs vertraut zu machen.

Wissenschaftliche Studien

Im Auftrag der Nationalparkverwaltung wurden wissenschaftliche Projekte unter der Leitung von Univ.-Prof Dr. Friedrich Reimoser durchgeführt. Dazu gehörte auch das regelmäßige Ausstatten von Tieren mit Sendern. In späterer Folge wurde sogar ein alter Rothirsch mit einem Sender ausgestattet. Über Satellit war es durch diese Senderhalsbänder möglich, die täglichen Bewegungen und Routen bzw. Rückzugsgebiete des ausgewählten Rotwildes telemetrisch zu verfolgen. Wir hatten Einsicht in die Datenauswertung und erlebten so manche Überraschung, was die Gewohnheiten einzelner Stücke sowie ihre Vorlieben für bestimmte Lebensräume betraf.

Manchmal waren allerdings auch unsere jagdlichen Beobachtungen gefragt, da es durchaus Gebiete gibt, die nicht vom Satelliten aus eingesehen und überwacht werden können.

Selbstverständlich gab es auch regelmäßige Datenerhebungen bezüglich Anzahl und Struk-

Scheda, 12/13. Kopf

tur unserer Rotwildpopulation. Diese Zählungen erfolgten mithilfe von Studenten der BOKU Wien, wobei Prof. Reimoser stets persönlich die Leitung übernahm.

All diese ambitionierten Forschungsprojekte des Nationalparks haben mir selbst jedenfalls bestimmt als zusätzlicher Ansporn für mein eigenes Projekt gedient.

Ungestörte Rückzugsgebiete für das Wild

Außerdem hatten und haben wir auch heute noch große Bereiche in unberührten Hochlagen, die von der Bejagung und jeglicher Bewirtschaftung gänzlich ausgeschlossen sind. Diese Hochlagen dienen dem Rotwild als Rückzugsgebiete und stellen aufgrund ihrer enormen Flächen und der Tatsache, dass sie zum überwiegenden Teil menschenleer sind, einen unschätzbar wertvollen Sommereinstand dar. Ein entscheidender Vorteil ergibt sich durch den Umstand, dass diese nicht bewirtschafteten Rasenflächen unterhalb von Gletschern und oberhalb der Wald-Kampfzone liegen. Somit besteht die Möglichkeit, Rotwild in größerer Stückzahl zu bewirtschaften, ohne einen nennenswerten Schaden an Wald und Forst zu riskieren. Rudel mit bis zu siebzig Stück können dort im Sommer auch tagsüber beobachtet werden, wobei man im Regelfall allerdings mehrere Kilometer entfernt sein sollte, da das Wild keinerlei Störung toleriert.

Ein weiterer Pluspunkt des Nationalparks ist auch, dass darauf verzichtet wurde, das Kötschachtal weiter mit befahrbaren Wegen in Richtung Reedsee bzw. Kühkar zu erschließen, was sich auch in Zukunft nicht ändern wird. Bei dem generell hohen Tourismusaufkommen im Gasteinertal führt jeder befahrbare Weg unweigerlich zum Verlust von Ruhezonen.

Und nichts ist für Rotwild letztlich wichtiger als Ruhe und ungestörte Ruhezonen. Das gilt selbstverständlich auch für jegliche jagdliche Ambitionen.

Löwenhaupt, 10. Kopf: Löwenhaupt war auf dem rechten Licht blind. Diese beiden Bilder beweisen, wie wichtig es sein kann, den Hirsch von mehreren Seiten zu betrachten:
Zum einen kann man das blinde Licht nur wahrnehmen, wenn auch die rechte Seite des Hauptes sichtbar ist (linkes Bild).
Zum anderen ist der kurze, gerade Augspross auf dem linken Bild kaum zu erkennen und wird erst auf dem rechten Bild sichtbar. Auch Kronenenden können auf diese Weise „verschwinden" und somit schlichtweg übersehen werden.

AUFRÄUMEN MIT MYTHEN

Fehleranfälligkeit herkömmlicher Regeln zur Altersansprache

Es gibt aus meiner Sicht unzählige Beispiele dafür, dass herkömmliche Regeln zur Altersansprache zum Scheitern führen können. Allgemeine Fehlerquellen wie Aufregung, Jagddruck, das falsche Erfassen einer Situation, Lichtverhältnisse sowie mangelnde Erfahrung erschweren das Ansprechen der Hirsche zusätzlich enorm. Selbstverständlich gibt es auch Beispiele für das Funktionieren dieser Regeln, denn es gibt tatsächlich Hirsche, die überlieferte Altersmerkmale vollinhaltlich bestätigen. Aber auch ein erfahrener Jäger darf sich hinsichtlich seiner Ansprechkünste niemals in Sicherheit wiegen. Absolut niemand ist vor einer Fehleinschätzung gefeit. Einzig das Kennen des einzelnen Hirsches über Jahre verbunden mit der Geduld, den Hirsch reif werden zu lassen gibt hundertprozentige Sicherheit!

Ich habe versucht, in diesem Kapitel eine Reihe von Beispielen aufzulisten, die die Grenzen der herkömmlichen Regeln zur Altersansprache sowie unqualifizierte Mythen aufzeigen sollen:

Wachtler, 11. Kopf: stark mesomorpher Typ, wirkt auf den ersten Blick eindeutig reif

1. Das allgemeine Erscheinungsbild

Beim Menschen gibt es drei absolut verschiedene Körperbautypen, und zwar den ektomorphen, den endomorphen und den mesomorphen (Quelle: *William Herbert Sheldon, Stanley Smith Stevens: The varieties of temperament: a psychology of constitutional differences. 1. Auflage. Harper & Brother, 1942.*)

Diese Unterscheidung kann man meiner Meinung nach auch bei Hirschen treffen, wobei der endomorphe Typ beim Hirschen nicht vorkommt und daher lediglich die zwei wesentlichen Körperbautypen beschrieben werden: Der ektomorphe Typ wird Zeit seines Lebens für das Jägerauge zierlich, hochläufig und daher jugendlich wirken, während der mesomorphe Typ schon in frühen Jahren kräftig, gedrungen, tief gestellt und somit älter erscheint. Für die Praxis bedeutet diese Tatsache, dass der ektomorphe Typ eher „älter werden darf", weil er generell als jünger eingeschätzt wird. Und der mesomorphe Typ wird häufiger als vermeintlich alter Hirsch allzu früh erlegt werden.

Innerhalb dieser Einteilung entwickeln sich die einzelnen Hirsche schon und legen sozusagen ihrem Alter entsprechend zu. Wenn der Hirsch wirklich „sturmalt" wird, ist es (so wie beim Menschen) sehr wahrscheinlich, dass er unabhängig vom Körperbautyp schließlich ektomorph wirkt – er baut ab.

Zum allgemeinen Erscheinungsbild zähle ich auch die Statur sowie die Form des Hauptes. Auch für diese beiden Ansprechmerkmale gibt

Xylander, 13. Kopf: ist zwar hochkapital (ca. 192 i. P. CIC), wirkt aber jugendlich. Man muss ihn kennen, um eindeutig zu wissen, wie reif dieser Hirsch tatsächlich ist.

es „altbewährte" Regeln, die aber in manchen Fällen zu regelrechten Mythen erwachsen.

2. Die Statur

Nach herkömmlichen Richtlinien hat ein alter Hirsch einen „ausgeprägten Vorschlag", das bedeutet, die Körpermasseverteilung verlagert sich eher in den vorderen Bereich des Körpers. Zudem sind ein starker Träger sowie ein ausgeprägter Widerrist obligatorisch, der Ziemer hängt deutlich durch und der Hirsch wirkt durch seinen mächtigen Rumpf kurzläufig und tief. Diese Merkmale können selbstverständlich zutreffen, sind aber aus meiner Sicht teilweise irreführend. Zum einen ist der Hirsch schon mit 8 Jahren ausgewachsen, und zum anderen gibt es einfach zu viele individuelle Typen. Zudem ist der Eindruck der Statur oftmals von der Bewegung, dem Blickwinkel und den jahreszeitlichen Veränderungen (z. B. vor und nach der Brunft) abhängig. Der Träger wird in seiner Stärke allzu oft überschätzt, vor allem wenn ein Hirsch einen dichten Brunftkragen mit langem Haar besitzt.

Ich persönlich finde es zum Beispiel äußerst schwierig, einen Feisthirsch hinsichtlich seines Alters zu schätzten. Beispiele für das völlige Versagen gängiger Staturmerkmale als Ansprechhilfe sind ektomorphe Hirschtypen:

Die Aufnahmen von Wachl, Endei und Maxl sind im Frühwinter bzw. Winter entstanden, die Hirsche haben aber jene Staturmerkmale auch in der Brunft aufgewiesen. Endei haben wir in der zuvor stattgefundenen Brunft nach herkömmlichen Regeln ein Alter von maximal 7–8 Jahren zugewiesen, auch Wachl und Maxl haben wir hinsichtlich ihres Alters lange Zeit unterschätzt.

Bei weitem fataler ist es allerdings, wenn die Staturmerkmale einen alten, reifen Hirschen vortäuschen, wie es bei mesomorphen Hirschtypen vorkommen kann:

Der Einabogene (seine rechte Stange zeigt ein nach innen gebogenes langes Ende) täuschte ein höheres Alter vor, was zu einem verfrühten Abschuss in einer benachbarten Jagd führte. Auf dieser Abbildung ist er im 7. Kopf: Der Widerrist ist schon markant ausgebildet, auch im Winter weist er einen deutlichen Vorschlag auf, sein Träger wirkt kurz und gedrungen und der Ziemer hängt leicht durch. Zusätzlich hat der Hirsch neben seinem reif wirkenden Körper noch auffällig lange und stark nach oben gebogene Augsprossen sowie extrem niedrige Rosenstöcke und auch einen breit wirkenden Äser.

Schleicher, 8./9. Kopf: Diese Aufnahme entsand Ende Oktober bei frühem Wintereinbruch. Der Hirsch ist stark abgebrunftet. Deutlich lässt sich der Vorschlag erkennen, sein Ziemer hängt auffällig durch, und aufgrund der Brunftstrapazen zeigt sich die Hungerluke stark ausgeprägt. Der Träger wirkt zudem massiv und kurz. Das Gewicht scheint im vorderen Drittel des Körpers zu liegen.

Ich habe auch Hirsche beobachtet, die eindeutig nicht aus unserem Alpenraum stammten und konnte so auch die Schwierigkeiten im Zusammenhang mit der Altersansprache bei diesen meist zur Blutauffrischung eingesetzten Hirschen (oder deren Nachkommen) kennenlernen. Sie sehen in Bezug auf Staturmerkmale vollkommen anders aus als unsere heimischen Berghirsche. Es ist absolut unmöglich, das Alter dieser „Kaliber“ mit unseren gängigen Regeln hinsichtlich Körpermerkmalen zu schätzen. Ein direkter Vergleich Hirsch neben Hirsch zeigt diese irreführenden körperlichen Verhältnisse am deutlichsten. Ein Ungarnhirsch hat schon mit 6 Jahren jeden Berghirsch an Körpergröße und Geweihausamaß bei weitem übertroffen. Mit 8 Jahren sieht so ein Hirsch im Verhältnis wie ein 12-jähriger Berghirsch aus. Nur in jeglicher Hinsicht größer!

3. Die Form des Hauptes

Die gängigen Methoden zur Altersansprache beschreiben ein von der Seite her gesehen dreieckiges Haupt als Zeichen für einen alten Hirsch. Zusätzlich sollte beim alten Hirsch der Äser deutlich breit erscheinen und der Windfangrücken einen konvexen Bug, also einen Buckel zeigen. Ein sogenannter „Goder" ist beim alten Hirsch ebenfalls vorhanden und somit ein gut erkennbares Zeichen, das die „Dreieckform" unterstützt. Aber auch bei diesen das Haupt betreffenden Regeln kann man sowohl im positiven als auch im negativen einige Überraschungen erleben.

Die folgenden Seiten zeigen einige Beispiele, die mittels direkter Gegenüberstellung erkennen lassen sollen, wie groß die Kluft zwischen dem Funktionieren und dem absolutem Versagen der einzelnen Regeln sein kann.

Cäsar, 13. Kopf

Unterschiedlicher könnte das Erscheinungsbild nicht sein! Cäsar wirkt auf den ersten Blick reif (mesomorpher Körperbautyp) und entspricht in jeder Hinsicht den gängigen Ansprechregeln.
Endei weist hingegen einige Merkmale auf, die man bei einem alten Hirsch nicht erwarten würde. Er ist eindeutig dem ektomorphen Körperbautyp zuzuordnen, wirkt also sehr jugendlich: Er hat ein sehr spitz wirkendes Haupt, auch der Äser ist auffällig zierlich, der Windfangrücken weist eher eine „konkave" Wölbung auf, welche allgemein jüngeren Hirschen zugesprochen wird. Auch der Körperbau selbst ist zierlich.
Für Endei und Cäsar gilt, dass beide hinsichtlich des Erscheinungsbildes im Laufe der Jahre annähernd gleich geblieben sind.

Endei, 14. Kopf

Die beiden Hirsche sind gleich alt, haben jedoch hinsichtlich ihres Körperbaus ein absolut unterschiedliches Erscheinungsbild. Man beachte den eher konkaven Windfangrücken beim Wachl im Gegensatz zum konvexen Windfangrücken vom mesomorphen Josy. Bei Josy verstärkt der stark ausgeprägte Kehlbart neben dem breiten Äser den unglaublich reifen Eindruck. Diese typischen „Alterszeichen" fehlen beim Wachl gänzlich.

Josy, 14. Kopf

So mancher Fehler bei der Altersansprache nach gängigen Staturmerkmalen entsteht auch, wenn sich der Hirsch in Bewegung befindet, vor allem dann wenn es rasch gehen muss und nicht genügend Zeit für längere Beobachtungen bleibt. Zumeist kann man von einem Hirsch Bilder unterschiedlichster Art machen: Auf einem Bild sieht der Hirsch jung aus, dann gibt es Aufnahmen, die ein reifes Alter bezeugen könnten. Und in der Realität hat man nicht einmal die Möglichkeit, ein Bild lange und eingehend zu betrachten, vielmehr ist alles in Bewegung und meist bleibt nicht viel Zeit.

Es gibt noch weitere Faktoren, die zu einer möglichen unbedachten Entscheidung verleiten können. Zum Beispiel Nässe und Kälte verbunden mit einer langen Ansitzdauer. Oder wenn es schon zu dunkeln beginnt und der Jäger weiß, dass die kommende Gelegenheit die letzte Chance sein kann. Auch der Zustand höchster Erregung aufgrund eines nervenzerreißend spannenden Jagderlebnisses kann zu einer überhasteten Entscheidung führen. Da wird möglicherweise jegliche Vorsicht vergessen und so manche Tatsache einfach übersehen. Besonders schwierig sind die Umstände oft, wenn z. B. ein Jagdgast eine hohe Erwartungshaltung bezüglich eines raschen Abschusserfolgs hat. Jeder Berufsjäger weiß, wovon ich spreche.

Der Helle, 8./9. Kopf: Wenn der Hirsch so kommt, entsteht unter Umständen aus der Situation heraus ein reifer Eindruck: Der Widerrist hebt sich ab, der Vorschlag ist gut entwickelt, der Hirsch wirkt tief und kurzläufig. Der Träger scheint beinahe ansprechend breit zu sein. Ein weiteres, oft als Zeichen für einen alten Hirsch gedeutetes Merkmal unterstützt den älteren Eindruck: Der Helle trägt sein Haupt tief. Leichter Nebel wie hier im Bild kann diese Eindrücke noch verstärken.

4. Augsprossen

Eine Regel besagt: Je älter der Hirsch wird, desto länger, stärker und aufgebogener seine Augsprossen: Auch diese Regel hat ihre wahren Seiten. Aber auf den Fotos unten sehen wir Hirsche, deren Augsprossen kaum länger wurden, sondern – vor allem im Verhältnis zu ihrem Geweih gesehen – sogar eher kürzer und zierlicher wurden:

Josy, 14. Kopf

Barschtei, 17. Kopf

Löwenhaupt, 10. Kopf

5. Die Höhe der Rosenstöcke

Wenn die Rosen „direkt am Haupt picken", muss der Hirsch alt sein, so die weit verbreitete Meinung. Und in umgekehrter Schlussfolgerung sind hohe Rosenstöcke ein Zeichen für einen jungen Hirsch. Im Generellen werden zwar Rosenstöcke durch den jährlichen Zyklus des Geweihs mit Wachstum und Abwurf tatsächlich niedriger, allerdings immer nur im Verhältnis zur Ausgangshöhe. Das heißt, ein Hirsch mit von Natur aus hohen Rosenstöcken hat auch im fortgeschrittenen Alter eher höhere Rosenstöcke, während es auch Beispiele für Hirsche gibt, bei denen schon die Ausgangsposition nur eine geringe Höhe aufweist.

Obwohl diese Regel zugegebenerweise häufig stimmt, kann das alleinige Verlassen auf diese Regel auch zu Fehlentscheidungen führen. Ein ganz extremes Beispiel ist hier der Einabogene im 7./8. Kopf. Bei diesem Hirsch kommen, wie schon auf S. 19 beschrieben, mehrere sogenannte Alterszeichen zusammen.

Der Einabogene, 7./8. Kopf

Ein weiteres gutes Beispiel für hohe Rosenstöcke ist der Knödl-Hirsch im 11. (links) und 12. Kopf (rechts), sowie letztlich im Jahr seiner Erlegung (13. Kopf).

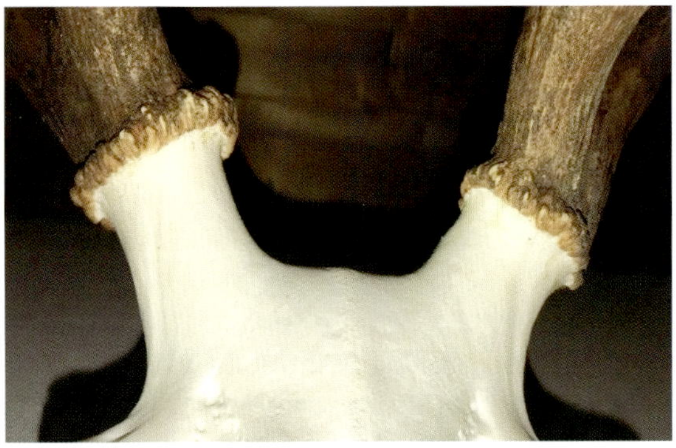

Hochinteressant: Sein rechter unverletzter Rosenstock ist für einen Hirsch vom 13. Kopf extrem hoch und ausgesprochen dünn. Sein linker und ein Jahr zuvor massiv verletzter Rosenstock (siehe Seite 282/283) ist deutlich niedriger. Aber ohne diese schwere Verletzung wäre der Rosenstock selbstverständlich ebenfalls sehr hoch und dünn. Dieser Hirsch zeigt wie so manch anderer, dass ein reifer Hirsch nicht zwangsläufig niedrige Rosenstöcke haben muss.

Stauber, mindestens 12+ : Auch hier kann man den Absatz der Rosenstöcke an der Stirn gut erkennen.

Cäsar, 14. Kopf: Für sein doch schon höheres Alter weist Cäsar eher hohe Rosenstöcke auf, wobei generell wahrscheinlich auch seine ausgeprägte „Stirnbehaarung“ an diesem Eindruck mitbeteiligt ist.

6. Färbung

Der Färbung der Hirsche kommt in der herkömmlichen Methode zur Altersbestimmung ebenfalls eine gewisse Rolle zu, und auch da gibt es ein paar Faustregeln, die sehr wohl stimmen können, aber nicht uneingeschränkt stimmen müssen.

Zum Beispiel scheint ein helles, graues bzw. eisgraues Haupt oft mit höherem Alter verbunden zu sein. Diese Verbindung ergibt sich wohl aus unserem menschlichen Altersbild. Wenn man sich unten die beiden richtig alten Hirsche Maxl und Wachl anschaut, so ist im immerhin 14. bzw. 15. Kopf eher eine auffällige rötliche Färbung des Stirnbereiches zu erkennen. Beim Umdrahten hingegen ist ein auffällig graues Haupt schon im 9./10. Kopf zu sehen.

Maxl, 15. Kopf

Wachl, 14. Kopf

Der Umdrahte, 9./10. Kopf

Als weiteres Merkmal für einen alten Berghirsch gilt im Allgemeinen eine auffällig rote Färbung am Ende und nach der Brunft (spätes Verhaaren) sowie eine rote Färbung des Trägers am Ansatz in der Winterdecke. Doch auch da gibt es individuelle Unterschiede. Zudem können unterschiedliche Lichtverhältnisse zu extremen Täuschungen führen:

Gigantus, ca. 5./6. Kopf: Obwohl dieser Hirsch jung ist, kann man das Rot am Trägeransatz deutlich sehen.

Josy, 14. Kopf: Am Trägeransatz ist kein auffälliges Rot auszumachen, es ist schwach ausgeprägt und bei diesen Lichtverhältnissen gar nicht zu sehen.

Josy, 13. Kopf: Diese Aufnahme stammt vom 23. Oktober, er hat keine feuerrote Farbe, die für alte Hirsche gegen Ende der Brunft (bzw. kurz danach) bezeichnend sein soll.

MEINE METHODE DER ALTERSBESTIMMUNG

Warum ich mich also nicht auf die allgemein bekannten und verbreiteten Merkmale verlasse, anhand derer viele Jäger das Alter von Hirschen schätzen, habe ich im vorigen Kapitel erklärt. Durch jahrelange Erfahrung, genaue Beobachtung der einzelnen Hirsche in meinem Revier und durch die fotografische Dokumentation ihrer Veränderung im Laufe der Jahre hat sich diese Methode für mich als einzig wahre Möglichkeit der Altersbestimmung bewährt. Es war uns auf diese Weise möglich, eine unglaublich hohe Erfolgsquote an Hirschabschüssen in Hinsicht auf ein wirklich reifes Alter zu erreichen: In den letzten 10 Jahren haben wir ca. 45 Hirsche der Klasse I erlegt, deren Alter den Salzburger Abschussrichtlinien entsprach, wobei der Altersschnitt um die 14 Jahre liegen dürfte. Einen Fehlabschuss mussten wir allerdings auch hinnehmen. Dabei handelte es sich um einen eingesetzten Hirsch (bzw. um einen direkten Nachkommen) vom 7. Kopf, der eben nach herkömmlichen Ansprechregeln viel älter wirkte. Auch wenn OJ Toferer und ich große Erfahrung im Ansprechen haben und selbstverständlich auch Hirsche aufgrund der allgemein bekannten Altersmerkmale erlegt haben, waren wir nicht vor diesem groben Fehler gefeit. Genau aus diesem Grund erscheint mir meine Methode der Altersbestimmung bei weitem sicherer.

Grundlage für diese Methode ist, die Hirsche im eigenen Revier (auch zeitweise zugezogene Hirsche anderer Reviere) genauestens und möglichst über Jahre hinweg zu beobachten, dadurch zu kennen und auch bei nur flüchtigem Anblick wiederzuerkennen. Das gelingt mithilfe zahlreicher Merkmale, die zu beachten sind und anhand derer man einen Hirsch eindeutig „identifizieren" kann.

Ich bin davon überzeugt, dass man das Erkennen von Hirschen anhand ihrer markanten Merkmale erlernen kann. So hat z. B. unser Berufsjäger in dieser Beziehung sehr viel von mir gelernt und ist heute mindestens mit der gleichen Bewandtnis beim Wiedererkennen der Hirsche am Werk wie ich selbst. Allerdings ist dafür ein großes Maß an Übung, Arbeit und Disziplin als Grundvoraussetzung unabdingbar. Auch der Faktor Zeit spielt eine nicht zu unterschätzende Rolle, um in aller Ruhe und mit größtmöglicher Genauigkeit beobachten zu können. Bilder und Videoaufnahmen sind selbstverständlich äußerst hilfreich. Allerdings gebe ich zu bedenken, dass alles gesammelte Bildmaterial nichts nützt, wenn man sich dann nicht die Zeit nimmt, um die Aufnahmen genauestens zu studieren und gewissenhaft zu ordnen beziehungsweise zu taxieren.

Das heißt, man muss sich mit dem Thema intensiv beschäftigen. Ich persönlich erstelle zum Beispiel ein jährliches Fotobuch. Dieses „Jahrgangsbuch" ermöglicht es mir, bei Bedarf rasch nachschlagen zu können.

Erkennen und Wiedererkennen

Eines gleich vorweg: Es gibt keine allgemeinen Merkmale, an denen jeder Hirsch eindeutig erkennbar ist, vielmehr hängen die jeweiligen Erkennungsmerkmale stark von den einzelnen Individuen ab. Der eine Hirsch ist schon ab dem 1. Kopf markant, andere fallen erst ab dem 4. oder 5. Kopf auf. Gewisse Merkmale bleiben manchmal ein Leben lang gleich, andere verändern sich im Laufe der Zeit.

Es kann zum Beispiel vorkommen, dass die Auslage in jungen Jahren extrem weit wirkt und später zwar von der Grundstellung her ähnlich weit bleibt, aber durch die über Jahre länger werdenden Stangen im Verhältnis geringer erscheint.

Im folgenden Kapitel möchte ich einen Einblick geben, auf welche Merkmale ich persönlich achte. Diese Aufstellung von ein-

Cäsar, 14. Kopf: Dieser kapitale Berghirsch weist einige prägnante Erkennungsmerkmale auf (siehe auch Beschreibung ab S. 120).

deutigen Beispielen ist keinesfalls vollständig. Ich möchte auch nicht behaupten, dass ich da allwissend bin, allerdings habe ich meinerseits nach bestem Wissen und Gewissen versucht, meine Erfahrungen und Beobachtungen möglichst klar zu erfassen und eindeutig zu gliedern.

Ich selbst scheine für das Wiedererkennen anhand äußerer Merkmalen ein gewisses naturgegebenes Talent zu besitzen. Ich erkenne die einzelnen Hirsche oft buchstäblich innerhalb eines Augenblickes, auch aus unterschiedlichsten Perspektiven.
Dieses naturgegebene Talent überrascht mich häufig selbst, da ich gar nicht dazukomme, über einzelne Merkmale nachzudenken – das Erkennen erfolgt einfach innerhalb eines Wimpernschlages. Ich erkenne meine Hirsche auch aus unterschiedlichsten Blickwinkeln heraus, bei unerwartetem Erscheinen in unüblichen Revierteilen oder auch in völlig unerwarteten Situationen.

Einmal war sogar eine direkt am Mittelspross abgebrochene Stange kein Hindernis, den Hirsch (im Gegensatz zu anderen Jagdkollegen) mit einem Blick durch das Spektiv zu erkennen. Einen anderen Hirsch erkannte ich trotz einer völlig unerwartet auftretenden Abnormität beider Stangen.

Auch erlegte Hirsche, selbst wenn diese in weit entfernten Revieren zur Strecke kommen, erkenne ich meist wieder, selbst wenn ich von der Rückseite kommend lediglich die Kronen aus dem Hirschwagen ragen sehe.

Ich kann es mir oft selbst nicht erklären, warum ich in der Lage bin, Hirsche innerhalb kürzester Zeit zu erkennen. Vielleicht bin ich am ehesten mit einem Rinderbauern vergleichbar, der seine Kühe ebenfalls ganz selbstverständlich am „Gsichtl“ oder anderen prägnanten Merkmalen erkennt, während für den außenstehenden Betrachter jede Kuh wie die andere aussieht. Zusätzlich gehört erwähnt, dass meist nicht das einzelne Merkmal, sondern eher die Gesamtheit an Merkmalen das blitzschnelle Erkennen ermöglicht.

Auch Menschen erkenne ich oft rasch an solchen Besonderheiten (z. B. Gang, Statur, Stimme ...). Dafür kann ich mir wiederum nur schwer Namen von Personen merken.

Ich muss allerdings gestehen, dass es auch für mich ab und zu schwierig ist, jeden Hirsch eindeutig und rasch zu erkennen. Zu groß sind so manche Veränderungen bei einzelnen Hirschen, und vor allem ist die Zahl an Hirschen in unseren Revieren schon sehr groß. Und manche Hirsche bekommt man einfach zu selten bzw. flüchtig in Anblick oder man sieht sie nur aus großer Entfernung. Verbunden mit schlechten Sichtverhältnissen erschweren diese Faktoren das Ansprechen natürlich ungemein!

◀ Brauni, 9. Kopf

MERKMALE ZUM RASCHEN ERKENNEN VON EINZELNEN HIRSCHEN

Diese Aufstellung soll eine Hilfestellung darstellen, um anhand von unterschiedlichsten Merkmalen jeden Hirsch individuell erfassen zu können und letztlich aufgrund dieser individuellen Erfassung jeden Hirsch möglichst rasch wiedererkennen zu können. Bei mir läuft dieser Prozess der individuellen Erfassung bzw. Wiedererkennung meist völlig automatisch im Unterbewusstsein ab, ist aber bestimmt auch in großem Maße sehr langen Lernprozessen und intensiver Beschäftigung mit der Materie zu verdanken. Bei dieser raschen Erfassung bzw. Wiedererkennung spielt selten das einzelne Merkmal an sich die entscheidende Rolle, es scheint vielmehr das Zusammenwirken mehrerer Merkmale ausschlaggebend zu sein. Auf jeden Fall bin ich davon überzeugt, dass jeder Jäger diese „Gabe“ erlernen kann, wenn er sich bemüht und geduldig ist.

1. Die Stellung der Stangen (Beispielfotos S. 38)

Die Stellung der Stangen und somit der Korb, der sich durch die Position der Stangen zueinander ergibt, ist für mich persönlich wohl das beste Erkennungszeichen, da dieses Merkmal auch auf weite Entfernungen sogleich mit einem Blick erfasst werden kann. So kann die Form des Korbes z. B. v-förmig, eng oder rund sein, es gibt o-förmige oder unregelmäßig geformte Körbe. Weiters können spezielle Formen durch einen ungewöhnlichen Schwung, einen Knick in den Stangen usw. auftreten. Die Farbe der Stangen ist in der Regel kein günstiges beständiges Erkennungsmerkmal, da sie von äußeren Einflüssen abhängt und trotz gleicher Einstandswahl von Jahr zu Jahr etwas differieren kann. Eine Ausnahme stellt allerdings die Färbung des Bastgeweihs dar, denn diese bleibt interessanterweise über die Jahre konstant.

2. Gabeln und Kronen (Beispielfotos S. 42)

Häufig sind Kronen bzw. Gabeln ein markantes Erkennungszeichen hinsichtlich Form, Endenlänge und Stellung im Stangenverlauf. Die einzelnen Enden können lang, kurz, zierlich oder massiv sein oder einen besonderer Schwung aufweisen. Auch die Stellung der einzelnen Enden zueinander kann markant ausfallen. Die Kronen bzw. Gabeln können von vorne gesehen eher quer (Doppelkrone) oder eher parallel (Fächerkrone) stehen. Es kommt auch vor, dass Kronen stark nach innen in den Korb hinein gerichtet sind. Es gibt viele verschiedene bekannte Kronenformen, die als individuelle Erkennungsmerkmale dienen: Becherkrone, Fächerkrone, Doppelkrone, schaufelförmige Krone, Kronen, die zu einer Platte geformt sind ...

3. Mittelsprossen (Beispielfotos S. 46)

Auch an den Mittelsprossen kann man viele individuelle Eigenschaften kategorisieren. Die Unterschiede zwischen den einzelnen Hirschen ergibt sich aus der Stellung der Mittelsprosse im Verhältnis zur gesamten Stange (hoch angesetzt, tief liegend). Dem Winkel zur Stange bzw. dem Ansatz der Mittelsprossen kommt ebenfalls große Bedeutung zu. Darüber hinaus sind auch Form (Schwung, mehr oder weniger gebogen) und Länge gute Anhaltspunkte zur individuellen Erkennung.

4. Eissprossen (Beispielfotos S. 54)

Eissprossen weisen ebenfalls große individuelle Unterschiede auf. Auch hier kommt es neben der Form vor allem auf die Stellung im Verhältnis zur Stange, aber auch zu den Augsprossen an. Von vorne gesehen können die Eissprossen innerhalb oder außerhalb der Augsprossen

Zwölferl, 13./14. Kopf: fehlende Eissprossen

angeordnet sein. Eissprossen können steil nach oben gerichtet oder waagrecht zur Seite stehen, lang oder kurzsein, zusätzlich können sie auffällig geformt sein. Auch das Fehlen von Eissprossen kann als Erkennungszeichen dienen.

5. Augsprossen (Beispielfotos S. 58)

Augsprossen können ebenfalls als sehr gutes Erkennungsmerkmal dienen. Sie können zum Beispiel auffällig in Bezug auf ihre Stellung zueinander sein. Das heißt, dass sie zum Beispiel in der Frontalansicht parallel zueinander stehen oder aber v-förmig auseinanderragen. Auch hier kann ein besonderer Schwung oder eine besondere Form bezeichnend sein. Auch die Länge, unterschiedliche Länge der beiden Augsprossen oder eine markante Ausrichtung könnte auffallen. Die Augsprossen können extrem ausgerichtet sein, wie es zum Beispiel beim Xylander (siehe S. 59) oder beim Endei (siehe S. 143) der Fall ist.

6. Rosen (Beispielfotos S. 62)

Auf den ersten Blick erscheinen Rosen keine Besonderheiten aufzuweisen, und dennoch gibt es ähnlich wie bei den Rosen des Rehbocks unterschiedlichste Ausbildungsvarianten. Rosen können schmal sein oder einen dicken Wulst aufweisen. Markante Einbuchtungen (wie z. B. beim Josy, siehe S.62) stechen ebenfalls ins Auge. Die Form der Rosen sowie ihre Stärke dienen allerdings im Gegensatz zur sich im Alter vermindernden Höhe des Rosenstocks nicht zur Altersbestimmung. Rosen sind vielmehr wie ein Fingerabdruck des einzelnen Hirschs zu verstehen. Auf große Entfernung ist dieses Erkennungszeichen eher schwer zu nutzen.

7. Die Stärke und die Länge der Stangen (Beispielfotos S. 64)

Die Stärke der Stangen vermittelt auch sehr gut einen deutlichen Eindruck vom einzelnen Hirsch. Vor allem dann, wenn extrem starke oder auffällig dünne Stangen zum Markenzeichen werden. Oft ist auch die Stangenstärke in Relation zur Länge auffällig. Die Länge der Stangen, aber auch die Stangenstärke nimmt mit den Jahren zu und wird in der Regel durch die jährliche Zunahme im Einzelfall auch zu einem tatsächlich gültigen Altersmerkmal. Allerdings muss auch diese Regel mit Argwohn betrachtet werden, da die Entwicklung der Stangen aufgrund der genetischen Eigenschaften des einzelnen Individuums unterschiedlich ist. Ein Hirsch mit langen Stangen muss also nicht zwangsläufig alt sein – der Knobbl hatte z. B. in frühester Jugend auffällig lange Stangen, die aufgrund der geringen Stangenstärke noch länger wirkten (siehe S.164).

8. Spezielle Färbungen der Decke (Beispielfotos S. 66)

Die Färbung der Decke wird teilweise ebenfalls als Kriterium zur Altersansprache gesehen. So kann die Regel, ein alter Berghirsch hätte im Allgemeinen eine auffällig rote Färbung am Ende und nach der Brunft (spätes Verhaaren) und in der Winterdecke eine rote Färbung am Ansatz des Trägers durchaus zu einer korrekten Altersschätzung dienen, allerdings besteht keinesfalls eine hundertprozentige Sicherheit. Auch für diese Regeln gibt es zahlreiche Ausnahmen, die zu Fehlern führen können, z. B. ist oft ist die Färbung durch unterschiedliche Lichtverhältnisse nicht genau erkennbar und irreführend. Dafür können wir auffällige Färbungen als charakteristisches Unterscheidungsmerkmal für einzelne Hirsche heranziehen.

9. Lauscher (Beispielfotos S. 70)

Bei vielen Hirschen entstehen mit fortschreitendem Alter Risse, Kerben und „Marken“ an den Lauschern. Sind solche zumeist eindeutigen Muster in der Lauscher-Silhouette gut sichtbar vorhanden, können diese ebenfalls zur eindeutigen Erkennung der einzelnen Individuen genutzt werden. Da in höherem Alter beinahe jeder Hirsch solche „Marken“ aufweist, kann im Einzelfall ein unveränderter unbeschädigter Lauscher auch zum markanten Zeichen für einen Hirsch gereichen.

Patzn, 11. Kopf: parallele und ungleich lange Augsprossen

10. Zeichnung des „Gsichtls" (Beispielfotos S. 74)

So wie jeder Bauer seine Kühe an ihrem „Gesicht" erkennt, ist es bei genauem Studieren seiner Hirsche auch für den Jäger möglich, die einzelnen Hirsche anhand der Form und Färbung ihres Hauptes zu unterscheiden. Der einzige Unterschied zum Bauern ist, dass es sich beim Rotwild um eine Wildart handelt. Sofern die Hirsche nicht völlig domestiziert sind (was auch während der Fütterungsperiode aus jagdlicher Sicht abzulehnen ist), besteht keine Möglichkeit, sie aus absolut geringer Entfernung betrachten zu können. In einem Revier mit vielen Hirschen wird es zunehmend schwierig, alle Individuen am „Gsichtl" zu erkennen. Der tägliche Kontakt mit dem Wild, das ständige Befassen mit der Materie, aber auch die Verwendung von Fotos und Videos sind dabei sehr hilfreich. Die unterschiedliche Färbung der „Gsichtl" bzw. des Hauptes ist wohl das beste Unterscheidungsmerkmal. Auch die Stellung der Lichter, also wie ein Stück Rotwild „dreinschaut", gibt Aufschluss. Die Länge des Hauptes und der Konturenverlauf ist wie beim menschlichen Gesicht absolut unterschiedlich. Die Erfassung solcher biometrischer Daten erfolgt derart komplex und unterbewusst, dass wir Menschen diesen Ablauf gar nicht bis ins letzte Detail aufzugliedern vermögen. Aber wenn man sich auf Stücke mit markantem Gesichtszügen beschränkt, ist die Unterscheidung von einzelnen Hirschen (oder auch Tieren) anhand des „Gsichtls" durchaus ein probates Erkennungszeichen.

11. Bleibende Abnormitäten (Beispielfotos S. 80)

Im Gegensatz zu reversiblen Abnormitäten, die durch eine Bastverletzung oder andere körperliche Beeinträchtigung zeitlich begrenzt (nur im Jahr der Verletzung) auftreten, gibt es Abnormitäten, die zeitlebens irreversibel bestehen bleiben. Eine Verletzung des Rosenstockes kann wie zum Beispiel beim Kanzlhirsch (siehe S. 82) zur Ausbildung einer echten dritten Stange führen. Auch ein in der Stellung abnormer Rosenstock, wie beim Verschob (siehe S. 83) ist zeitlebens gut erkennbar.

12. Das allgemeine Erscheinungsbild (Beispielfotos S. 84)

Auch das allgemeine Erscheinungsbild kann zum Wiedererkennen einzelner Hirsche beitragen. Hierzu gehört neben den rein körperlichen Attributen auch das Auftreten eines Hirsches – ist der Hirsch möglicherweise zurückhaltend (z. B. Maxl, siehe S. 176) oder aufdringlich kämpferisch (z. B. Sichla, siehe S. 208). Erscheinungsbild und Auftreten können sich auch mit dem Prozess der Alterung ändern, allerdings hat jeder einzelne Hirsch ein individuelles Erscheinungsbild und einen für ihn bezeichnenden Wesenszug. Ist das allgemeine Erscheinungsbild für den Hirsch ausreichend markant, kann dieses Merkmal auch zu einem entscheidenden Erkennungsmerkmal werden.

13. Abwurfstangen vergleichen (Beispielfotos S. 86)

Sofern die Möglichkeit besteht Abwurfstangen zu sammeln, können diese ein willkommenes, nicht zu unterschätzendes Bindeglied zu den sonst gewonnen Erkenntnissen darstellen. Zum einen fühlt man sich seinen geliebten Hirschen noch verbundener, und zum anderen ist es eine weitere Variante, sich mit dem Thema Altersbestimmung zu beschäftigen. Man erhält zudem genaue Aufschlüsse über den Stand der Geweihentwicklung, und auch Stangenstärke und Stangenlänge können nun genau erfasst werden. Überdies gibt auch in vielen Fällen die Form und das Aussehen der Petschaft Informationen über das Alter des Hirschs: Je flacher die Petschaft und je größer der Umfang im Verhältnis zum Stangenumfang ist, desto älter ist der Hirsch. In jungen Jahren stimmt diese Regel recht gut, doch im höheren Alter treten auch bei dieser Regel große individuelle Unterschiede auf, sodass auch beim alten Hirsch eine nicht flache Petschaft vorhanden sein kann.

Der Umdrahte, 9./10. Kopf:
Das ist leider keine dauerhaft
bleibende Abnormität.

BEISPIELFOTOS FÜR ERKENNUNGSMERKMALE

1. Die Stellung der Stangen

▲ Cäsar, 14. Kopf: v-förmig, extrem weit

▲ Barschtei, 17. Kopf: enger Korb, fast geschlossen

Josy, 10. Kopf: sehr speziell gebogene Stangen

Wachtler, 12. Kopf: deutlich ausgeprägter Knick in den Stangen

▲ Bongi, ca. 6. Kopf: die Unregelmäßigkeit sticht ins Auge

▲ Kanzl-Hirsch, 12. Kopf: o-förmiger Korb

Zwölferl, 13. Kopf: v-förmiger Korb, oben stehen die Kronenenden nach innen

Endei, 14. Kopf: runder Korb, wird oben gerade

2. Gabeln bzw. Kronen

Gabeln oder Kronen können sich zwar auch hinsichtlich Länge und Anzahl der Enden (Gabeln können zu Kronen werden und umgekehrt) verändern, aber meist bleibt eine gewisse Charakteristik erhalten. Gabeln und Kronen sind eben ein Teil jener Merkmale, die ein Gesamtbild zur Unterscheidung vermitteln können.

▲ Reimi, 13./14. Kopf: grundsätzliche Stellung der Hauptgabelung quer zur Stange

◀ Plattenkar-Hirsch, 13. Kopf: dominante vordere Kronenenden, hinten kleine Gabeln

▶ Adriano 14. Kopf: Kronenenden entspringen am plattgedrückt wirkenden Stangenende, zudem sind die Kronen in einem speziellen Winkel zur Stange ausgerichtet.

▲▼ Wapiti, 11. Kopf: Dieser Hirsch hat Fächerkronen, die an einen Wapiti erinnern und bei denen das letzte hintere Ende gerade absteht.

Mareiner, ca. 11. Kopf: Diese Kronenform ist außergewöhnlich, die Kronen stechen sowohl durch ihre Größe als auch durch die ungewöhnliche Anordnung der relativ langen Enden ins Auge.

3. Mittelsprossen

◀ Old Tobi, 12. Kopf: leicht gebogene, eher kurze Mittelsprossen, mit einem großen Winkel zur Hauptstange

◀ Xylander, 13./14. Kopf: Die ungewöhnliche Form der Mittelsprossen fällt auf, sie stehen gerade nach vorne und haben eine Tendenz nach unten.

Auer vom Lahngang, 10. Kopf: steil nach oben gestellte, lange Mittelsprossen

◄ Brauni, 9. Kopf: steil nach oben gestellte, gerade Mittelsprossen mit einer eher moderaten Länge

◄ Plattenkar-Hirsch, 12. Kopf: dünne Mittelsprossen mit einem großen Winkel zur Stange, zudem weisen sie einen besonderen Schwung auf

Sichla, 14. Kopf: leicht gebogene Mittelsprossen, deren Ansatz einen rechten Winkel zur Stange ergibt

◀ Stauber, 12+: Die Stellung der Mittelsprossen ist hier bezeichnend, weil sie von vorne gesehen weitgehend deckungsgleich mit den Stangen verlaufen, nur die Spitzen ragen in den Korb hinein.

◀ Wachtler, 12. Kopf: Die Mittelsprossen sind sehr tief angesetzt und ragen deutlich aus dem Korb, der sich aus den Hauptstangen ergibt, heraus.

Josy, 15. Kopf: Die Mittelsprossen befinden sich in der Frontalansicht eher innerhalb des Korbes.

Barschtei, 15. Kopf: Der Mittelspross an der linken Stange weist eine besondere Stellung auf.

Barschtei, 16. Kopf: Auch im nächsten Jahr ist der Mittelspross ein sicheres Erkennungszeichen.

4. Eissprossen

◀ Sichla, 12. Kopf: gerade nach oben stehende Eissprossen, die von vorne gesehen innerhalb der Augsprossen angeordnet erscheinen

◀ Josy, 15. Kopf: gerade nach oben stehende Eissprossen, die von vorne gesehen außerhalb der Augsprossen angeordnet sind

▶ Grashirsch, 12+: fast waagrecht nach außen gerichtete Eissprossen

▲ Wachtler, 12. Kopf: im Verhältnis zu Augsprossen und Mittelsprossen extrem lange Eissprossen

◀▶ Plattenkar-Hirsch, 10./11. Kopf: Die Augsprossen, Eissprossen und Mittelsprossen sind sehr speziell, lang und fast wie auf einer Ebene angeordnet.

5. Augsprossen

▲ Wapiti, 11. Kopf: parallele Stellung der Augsprossen

◀ Reimi, 13./14. Kopf: ungleichmäßige Augsprossen

▶ Xylander,13./14. Kopf: ungewöhnliche Form, nach außen gebogene Augsprossen

Knobbl, 11. Kopf: Knobbl weist einen Knick (Bug) der Augsprossen auf, wobei dieser beim rechten Augsspross stärker ausgeprägt ist.

▲ Sichla, 14. Kopf: Augsprossen weit auseinander

▲ Patzn, 11. Kopf: ungleich lange, parallele Augsprossen

▲ Dreizack, 11. Kopf: parallele und verschobene Augsprossen

6. Rosen

Die Form der Rosen hat im entscheidenden Altersbereich keinen Bezug zum Alter. Auch die Rosenstöcke sind in ihrer Höhe und Stärke individuell unterschiedlich. Natürlich werden sie im Alter eher niedriger, aber grundsätzlich gibt es Hirsche mit eher hohen Stirnzapfen (Rosenstöcke) und andere mit niedrigen Stirnzapfen: siehe Cäsar (unten) im Vergleich mit Reimi (rechts), die ca. gleich alt sind und unterschiedlich hohe Stirnzapfen haben.

◀ Scheda, 12. Kopf: gerade verlaufender, dünner Wulst

◀ Josy, 13. Kopf: deutlich erkennbare Einbuchtung der Rosen

◀ Cäsar, 14. Kopf: gerade verlaufender, stark ausgeprägter Wulst

Reimi, 13./14 Kopf: massiv ausgeprägte Rosen mit dünnerem Wulst

7. Die Stärke und die Länge der Stangen

▲ Reimi, 13./14. Kopf: für einen Berghirsch extrem starke Stangen inklusive rauer Perlung

◀ Wachl, mind. 15. Kopf: auffällig dünne und kurze Stangen

Knobbl, 11. Kopf: ausgesprochen dünne, dafür jedoch sehr lange Stangen

8. Spezielle Färbungen der Decke

▲ Gigantus, ca.8. Kopf: auffälliger orangeroter „Schopf“ auf dem Widerrist

◀ Gigantus, ca. 10. Kopf: Auch 2 Jahre später fällt der rote Schopf ins Auge. Dieser Hirsch ist übrigens ein typisches Beispiel dafür, dass eine althergebrachte Regel zur Altersansprache nicht immer funktionieren muss: Die rote Färbung am Trägeransatz deutet auf einen reiferen Hirsch hin. In diesem Fall ist es lediglich eine spezielle Eigenheit, die unser Gigantus auch in seinen früheren Jahren schon aufwies.

Scheda, 12. Kopf:
mystisch graue Färbung

Mareiner, ca. 11 Kopf (links) und ein Jahr später: auffällig ist die dunkle Färbung am Stich sowie im unteren Körperbereich

9. Lauscher

Risse und Kerben in den Lauschern sind relativ häufig. Es kommt oft vor, dass diese natürlichen „Markierungen" mit der Zeit immer stärker ausgeprägt werden. Das beste an diesen Erkennungsmerkmalen ist, dass sie sich zwar vergrößern können, aber irreversibel und somit zeitlebens vorhanden sind!

Interessanterweise werden auch in der Wal-Forschung einzelne Individuen vor allem aufgrund von Einrissen und Kerben der Schwanzflosse unterschieden. Die Form der Schwanzflosse in Verbindung mit diesen Mustern ermöglicht eine genaue Unterscheidung der einzelnen Wale, obwohl die Sichtungen selten und räumlich über Meilen entfernt sind.

▲ Endei, 14. Kopf: zwei Schlitze am linken Lauscher

◀ Adriano, 14. Kopf: Der linke Lauscher wirkt wie abgeschnitten.

Auer vom Lahngang,
10. Kopf: tiefer Einriss am
rechten Lauscher

▲ Schleicher, 12./13. Kopf: rechter Lauscher eingerissen

◀ Stauber, 12+: Der linke Lauscher wirkt wie ausgestanzt.

▶ Old Tobi, 12. Kopf: zwei kleine Kerben am rechten Lauscher

10. Zeichnung des „Gsichtls"

▲ Josy, 15. Kopf: dunkle Maske, besonders zwischen den Stangen, leicht gewellt

◀ Wachtler, 11. Kopf: Er weist eine besonders interessante Zeichnung auf: zwischen den Stangen rötlich-dunkel, dann ein heller Streifen und schließlich eine dunkle Maske.

▶ Maxl, 17. Kopf: Hier sieht man, wie leicht man sich täuschen kann, wenn man zur Altersschätzung nur vom „Gsichtl" ausgeht.
Dieses „Babyface" mit seinem glatten „Gsichtl" und der orangeroten Stirn ist in Wahrheit ein alter Hirsch!

▲ Woidl, 12. Kopf: dunkel zwischen den Stangen, weist eine verlaufende Färbung und ein glattes „Gsichtl" auf

◄ Schleicher, 12./13. Kopf: Sein „Gsichtl" ist relativ gleichmäßig gefärbt, über dem „Nasenrücken" bräunlich, er hat betonte, helle Lichterbögen und das Haupt wirkt extrem glatt.
Auch hier versagen gängige Ansprechregeln: Dieser alte Hirsch hat weder ein weißes Haupt noch einen breiten Äser! Auch der grantige Blick, der meist durch gewelltes, krauses Haar im Stirnbereich entsteht, fehlt zur Gänze!

Cäsar, 14. Kopf: zwischen den Stangen orangerote Färbung, „Nasenrücken“ dunkel, wellig

▲ Old Tobi, 12. Kopf: sehr heterogene, „bunte" Färbung, Stirn wirkt extrem wellig und gekraust

◀ Maxl, 16./17. Kopf: rötliche, gekrauste Stirn, heller, sehr breiter heller Bereich unterhalb des Äsers (ein richtiger Kragen), schüchterner Gesichtsausdruck, der auch seinem tatsächlichen Verhalten entspricht

▶ Barschtei, 16. Kopf: zwischen den Stangen dunkel, sehr stark gekraust und wellig, sehr hell um den Äser, der helle auffällige Bart unterhalb des Äsers führte zur Namensgebung, insgesamt majestätischer Gesichtsausdruck

11. Bleibende Abnormitäten

◀▶Kanzl-Hirsch, 12. Kopf: allein aufgrund seiner echten dritten Mini-Stange deutlich erkennbar

▼ Kanzl-Hirsch, 13. Kopf: die dritte Stange gabelt sich im Jahr darauf

▲ Kanzl-Hirsch, 13. Kopf: mit gegabelter, echter dritter Stange, in der Brunftzeit erlegt

„Verschob", ca. 6.Kopf: Der linke Rosenstock ist abnorm nach vorne verschoben, daher auch sein Name.

12. Das allgemeine Erscheinungsbild

Das allgemeine Erscheinungsbild ist der erste Eindruck, den man beim Anblick eines Hirsches bekommt. Es dient in der allgemein bekannten Altersansprache als wesentliches Merkmal zur Schätzung des Alters. Beschrieben wurde dieser Aspekt bereits auf S. 16–19, viele Beispielfotos belegen, dass diese Regel zur Altersbestimmung manchmal stimmt und manchmal eben nicht. Für meine Methode ist das allgemeine Erscheinungsbild wiederum ein Erkennungszeichen, anhand dessen man einzelne Hirsche unterscheiden kann. Das allgemeine Erscheinungsbild ergibt sich aus einer Summe von individuellen Merkmalen.

Reimi, 13./14. Kopf

Maxl, 17. Kopf: Während Reimi links den mesomorphen Gesamteindruck vom kraftvollen Büffel erweckt, wirkt Maxl rechts zierlich und jugendlich, obwohl er schon sehr alt ist. Allerdings hat Maxl auch fünf Jahre zuvor nicht viel anders ausgesehen (ektomorpher Typ). Auf jeden Fall sind beide Hirsche anhand ihres markanten Erscheinungsbildes sofort erkennbar.

13. Abwurfstangen vergleichen

Das jährliche Studieren der Abwurfstangen sollte – soweit möglich – selbstverständlich sein. Am besten kann man natürlich vergleichen, wenn die Stangen eines Hirsches über Jahre hinweg zu einer Serie zusammenfügt werden können. Da kann sich so manche Wissens- bzw. Beobachtungslücke schließen. Zudem ist es für uns „Jäger und Sammler" eine großartige Sache, wenn man es schafft, eine langjährige Serie von Abwurfstangen von „seinen" Hirschen zu haben.

Die schier unfassbare Freude und der unermessliche Stolz über seinen uralten Hirsch namens Zierlich, den mein Freund Rupert über ein Jahrzehnt betreut hat, lässt sich wohl kaum in Worte fassen. Die Stangen, die er in seinem Revier (angrenzend zu unserem Revier im Großarltal gelegen) gefunden hat, sind zugleich Zeugnis und größte Belohnung für sein jahrelanges unermüdliches Arbeiten, die ertragenen Strapazen im Winter, seine enorme Geduld und seinen festen Willen, Rotwild zu hegen. Dieser Hirschabschuss war damals die Belohnung seines Jagdherren für die jahrelang geleistete hervorragende Arbeit bei der Fütterung und im Jagdbetrieb. Ich durfte an jener Hirschfeier teilnehmen und als Dank erhielt er von mir das Bild vom erlegten Zierlich und der beeindruckenden Abwurfstangensammlung davor.

Ich schätze Rupert, unseren Ruap, sehr. Er ist in Sachen Rothirsch ein wirklicher Kenner – ja, ein Gelehrter. Die Zusammenarbeit mit ihm und seinen großartigen Jagdherren über Revier- und Wildregionsgrenzen hinaus war und ist einfach bestens. Es kam hin und wieder vor, dass ich einen seiner Hirsche erlegt habe, und dann war es auch für mich eine große Ehre und Freude, wenn Ruap mir die Abwürfe seiner ehemaligen Schützlinge überließ. Da für Ruap jede Abwurfstange eine ganz besondere Angelegenheit ist, kam es allerdings auch vor, dass ich auf so manches Stangenpaar auch Jahre warten musste. Dafür stieg der ideelle Wert jeder einzelnen Stange für mich enorm!

An dieser Stelle auch Dank an seinen Jagdherren „Schützei", der in jagdlichen Angelegenheiten keinen Neid kennt und jederzeit großzügig ist. Bei einem Abschuss eines „seiner" Hirsche verlangt er lediglich eine große Hirschfeier, bei der es selbstverständlich auch keinerlei Grenzen geben darf!

▲▶Zierlich, 15+

ENTWICKLUNGSSTUDIEN

Den Kern dieses Buches stellen die über Jahre penibel dokumentierten Entwicklungsstudien von einzelnen Hirschen unterschiedlichen Typs in reiferem Alter dar. Bei diesen Hirschen handelt es sich sozusagen um Legenden unseres Bergreviers inmitten des Nationalparks Hohe Tauern. Ich bin besonders stolz darauf, viele sehr alte Hirsche – meist vom 9. Kopf an bis zur Erlegung – präsentieren zu können. Auch wenn der Eindruck entstehen könnte, dass das einfach zu machen ist, möchte ich anmerken, dass enorm viel Arbeit, Zeit und Sebstdisziplin für so eine Studie vonnöten sind.

Die Grundlage für die Altersangaben bilden die Ergebnisse der Altersbewertung nach der Erlegung der Hirsche durch die Bewertungskommission der Salzburger Jägerschaft Bezirk Pongau. Von diesem durch die Bewertungskommission erachteten Alter habe ich meinen zuvor jahrelang penibel durchgeführten Aufzeichnungen und Fotos von den Hirschen Jahr für Jahr zurückgehend das jeweilige Alter zugeordnet. Die Bewertungskommission hat im Allgemeinen sehr gute Arbeit geleistet, wenngleich man auch wissen muss, dass jegliche Art der Altersbewertung einer Rothirschtrophäe (inklusive Kieferbetrachtung) nicht immer absolut hundertprozentig stimmt und jede Methode ihre Grenzen hat. Die in diesem Buch präsentierten „Hirsch-Beispiele" sind allerdings so gewählt, dass ihre Altersbestimmung korrekt sein müsste, ein Spielraum von +/- einem Jahr ist allerdings auch hier möglich. Jedenfalls danke ich der Bewertungskommission der Salzburger Jägerschaft Bezirk Pongau für die hervorragende und gewissenhafte Beurteilung der einzelnen Rothirschtrophäen.

Dank sagen darf ich auch unserem treuen Berufsjäger Gerhard Toferer, der unsere Hirsche gewissenhaft betreut und stets dafür gesorgt hat, dass sie auch „ordentlich reif" werden konnten.

Und schließlich möchte ich mich bei meinem Vater bedanken, denn ohne ihn und seine bedingungslose Liebe zur Jagd und Hege hätte ich niemals die Möglichkeit gehabt, eine solch umfassende Studie zu verwirklichen.

Fotodokumentation: Hirsche reiferen Alters im Bergrevier

Ich bin überaus glücklich und stolz, hier so viele Fotos von wirklich alten Kempen zeigen zu können und danke dem heiligen Hubertus und allen höheren Kräften, dass ich die Bergjagd mit all ihren Facetten erleben und genießen darf.

Die meisten meiner Bildstudien starten um den 9. Kopf und gehen zumeist bis zu einem Alter vom ca. 13. bis 16. Kopf. Damit will ich einen Eindruck vermitteln, wie unterschiedlich wirklich reife Hirsche aussehen können.

Den einen oder anderen Hirsch durfte ich selbst erlegen, doch so mancher Alte ist in benachbarten oder weiter entfernten Revieren zur Strecke gekommen. Den erfolgreichen Schützen wünsche ich auf diesem Weg nochmals ein kräftiges Weidmannsheil, denn ich freue mich, wenn ein wirklich alter Hirsch erlegt wird.

Leid tut es mir allerdings um die sogenannten „verlorengegangenen Hirsche", die teilweise in unserem harten Bergrevier verschwunden sind oder nur durch Zufall verendet aufgefunden wurden. Der Verlust von Hirsch Reimi schmerzte uns ganz besonders, da er eine außergewöhnlich beeindruckende „Hirschpersönlichkeit" war. Sein Skelett hat „Zauch", ein Jagdkollege, bei einer Nachsuche zufällig gefunden.

▶ Reimi, 13./14. Kopf

Adriano

Seinen Namen verdankt Adriano meinem Sohn Adrian, der als Achtjähriger eine der mächtigen Abwurfstangen von diesem Hirsch gefunden hatte. Über Jahre warteten wir auf unseren Brunftplätzen auf Adrianos Erscheinen. Doch er zog die weit entfernten Brunftplätze im angrenzenden Revier Anlauftal den unseren vor. Dort wurde Adriano im mindestens 15. Kopf von Graf Czernin-Kinsky erlegt.

▼ Adriano, 9. Kopf: Die Bilder auf diesen beiden Seiten von Adriano im 9. Kopf zeigen deutlich, wie das Aussehen eines Hirsches zu täuschen vermag: Adriano wirkt hinsichtlich Statur, Geweih und Aussehen eigentlich um vieles jünger, als er tatsächlich ist. Mit gängigen Regeln zur Altersansprache würde ich persönlich eher auf 6./7. Kopf tippen.

▲▼Adriano, 9. Kopf: Besonders prägnant ist sein wie abgeschnitten wirkenden Lauscher

Adriano, 10. Kopf: vom 9. auf den 10. Kopf hat sich Adriano plötzlich merklich verändert. Er hat offensichtlich seinen „Zehnerschub“ gemacht. Das Geweih ist deutlich stärker, und auch die Statur wirkt mächtiger. Die rechte Stange hat er sich wohl während der Brunft abgebrochen.

Adriano, 11. Kopf: Gerade die Bilder auf dieser Doppelseite machen deutlich, dass es nach den allgemein gültigen Ansprechregeln äußerst schwierig ist, Adrianos Alter zu schätzen. Sowohl aufgrund der kurzen Stangen als auch der klobig bzw. brandig wirkenden Kronen nebst seinem eher jung wirkenden Haupt würde man wohl eher auf ein geringeres Alter schließen, wobei Adriano auf den Bildern der linken Seite älter aussieht als auf dem Bild rechts.

Adriano, 12. Kopf: Er scheint vom Typ her eher ein „Raufer" zu sein, denn beide Kronen weisen abgebrochene Enden auf.

Adriano, 13. Kopf: In diesem Jahr hatte er sein wohl kapitalstes Geweih, erst jetzt sieht er auch von der Statur her reif aus. Dennoch bleiben die Kronenenden kurz, wirken brandig und lassen ihn dadurch jünger wirken.

Adriano, 14. Kopf: Die Kronen wirken weiterhin stumpf, das Geweih bleibt eher kurz, auch die Masse befindet sich eher im oberen Drittel der Stange.

Adriano, 15. Kopf: In diesem Jahr entwickelt sich die plattenförmige Kronen-Schaufel an seiner linken Stange zum ersten Mal. Diese Kronen-Platte steht von vorne gesehen halbquer zur Stange. Immer noch wirken die kurzen Kronenenden ein bisschen unreif und stumpf.

▲ Kiefer vom Adriano: 16. Kopf

▲ Graf Czernin mit seinem Adriano. Bei seiner Erlegung ist das trotz des relativ starken Stangenumfangs extrem leichte Trophäengewicht von lediglich 4,04 kg Gesamtgewicht (Netto nur 3,54 kg) aufgefallen. Das mag am hohen Alter des Hirsches liegen. Das stärkste Geweih hatte er wohl im 13. Kopf auf, wobei gerade im Jahr seiner Erlegung die mächtige Platte der linken Krone außergewöhnlich beeindruckend ist.

Adriano, 14. Kopf: Dieses Foto habe ich Graf Czernin als Geschenk überreicht, am linken Foto hängt es gerahmt an der Wand in seinem Schloss.

Barschtei

Dieser Hirsch wurde aufgrund seines hellen, auffälligen Bartschöpfleins unterhalb seines Äsers auf den Namen Barschtei getauft. Er stellt einen der ältesten Vertreter in diesem Buch dar. In seinen letzten Jahren war zu erkennen, dass er sich bei der Nahrungsaufnahme an der Winterfütterung nicht mehr so leicht tat. Er schien die Futtermittel durch eigenartige Schluckbewegungen bei hoch erhobenen Äser zu sich zu nehmen.

Wenngleich Barschtei niemals ein Medaillen-Hirsch war, so hatte er doch, wie übrigens jeder alte und reife Hirsch, seinen ganz besonderen Reiz. Er war und ist einer der ganz großen „Hirschpersönlichkeiten" – einer meiner Lieblingshirsche! Möglicherweise hat ihm sein unscheinbar wirkendes Geweih ein besonders langes Leben ermöglicht. Auf unseren Brunftplätzen ließ er sich wohl aus gutem Grund niemals blicken, obwohl wir sehnsüchtig mit gespannter Büchse auf sein Erscheinen gewartet haben. Barschtei wurde in der angrenzenden Gemeindejagd von Herrn Patrick Obersamer im 18. Kopf erlegt.

◀▶ Barschtei, 12. Kopf: Das namensgebende Bärtchen ist hier gut zu erkennen. Das tatsächliche Alter dieses Hirsches wäre nach gängigen Ansprech-Regeln unmöglich zu schätzen. Kurz wirkende Stangen, die in Form und Aussehen eher an einen Hirsch der Klasse III erinnern. Auch die Staturmerkmale geben für eine Altersschätzung gar nichts her. Lediglich das krause Haar im Stirnbereich könnte dem einen oder anderen Jäger wohl einen Eindruck von einem alten Hirsch vermitteln. Aufgrund meiner Erfahrungen kann man sich jedoch auf dieses Merkmal selten verlassen.

Barschtei, 13. Kopf: Sein ungewöhnliches Geweih weist einzigartige und extrem markante Mittelsprossen an beiden Stangen auf (sie stehen steil, sind nicht sehr lang und an ihrer Basis nehmen die Stangen einen kleinen Richtungswechsel im Verlauf vor). Noch markanter und einzigartiger sind die Kronen in ihrer Form. Vor allem bei der linken Stange gewinnt man von vorne betrachtet den Eindruck, als ob die hintere Kronen-Gabel oberhalb vom untersten ersten Kronenende willkürlich angeklebt worden wäre. Dem Leser mag gerade bei der Gegenüberstellung dieser beiden Bilder auffallen, dass die Trophäe auf dem linken Bild deutlich stärker und kapitaler wirkt. Die beiden Bilder zeigen beispielhaft, dass es auch immer auf den Blickwinkel, die Haltung des Hauptes usw. ankommt!

Barschtei, 14. Kopf: Das unterste Kronenende und der Mittelspross sind bei der linken Stange jetzt beinahe auf gleicher Höhe. Der Charakter der Stange bleibt dennoch der gleiche.

Barschtei, 14. Kopf: Die Schwierigkeiten bei der Nahrungsaufnahme haben seltsame Schluckbewegungen zur Folge. Dieses Phänomen sollte beim Barschtei ab diesem Jahr zur ständigen eigentümlichen Begleiterscheinung werden.

Barschtei, 15. Kopf: Bei genauer Betrachtung erkennt man in diesem Jahr an seiner linke Stange einen doppelten Mittelspross und keine Krone mehr. Dennoch bleibt der einzigartige Charakter seiner Stangen erhalten. Von der Statur her erweckt der Hirsch einen leicht abgekommenen Eindruck.

Barschtei, 16. Kopf: In diesem Jahr hat Barschtei keine Kronen mehr, aber dafür links einen doppelten Mittelspross.
Die Gabeln sind abnorm geformt, als hätte Barschtei seine Stangen aufgrund seines hohen Alters nicht mehr vollständig ausschieben können.
Ein Ende der Gabel seiner rechten Stange weist ein tiefes Loch auf (Bilder unten). Manchmal entstehen derartige Missbildungen durch Parasiteneinfluss oder möglicherweise auch durch einen Kälteeinbruch während der Bastzeit. Auch Verletzungen (Stacheldraht usw.) sind manchmal die Ursache solcher Missbildungen.

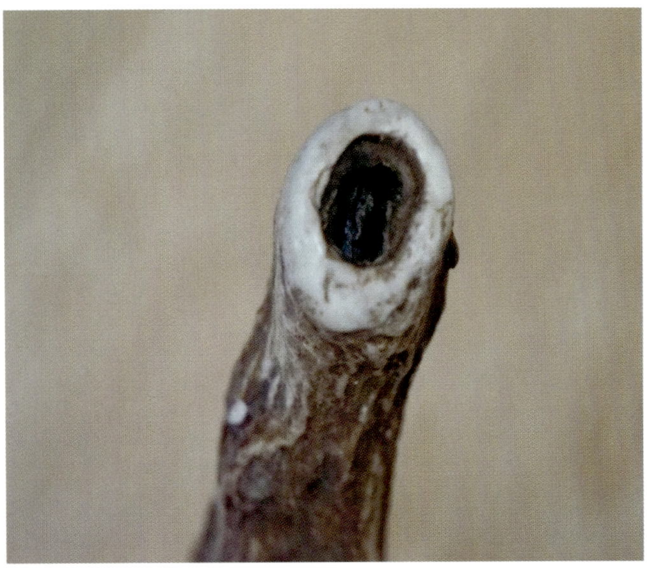

Barschtei, 17. Kopf: Im Normalfall korreliert auch die Stangenlänge mit dem Alter eines Hirsches (je älter, desto länger werden die Stangen, sagt eine altbekannte Regel zur Altersansprache). Die Länge der Stangen lässt sich im Allgemeinen für den erfahrenen Jäger gut schätzen, wenn man sie mit der Länge des Hauptes bzw. der Länge des Ziemers (Abstand vom Widerrist bis zum Wedelansatz) vergleicht.
Beim Barschtei unterschätzt man seine Stangenlänge schlichtweg, was an seiner ungewöhnlichen Geweihform in Verbindung mit seinem relativ großen Knochengerüst liegt. Ich war zutiefst überrascht, als ich die Stangen irgendwann interessehalber abgemessen habe (die Länge betrug beinahe einen Meter!).

Beim Endei (siehe S. 134) verhält es sich übrigens mit den Proportionen bezüglich Geweih und Korpus genau umgekehrt: Das Geweih wirkt viel stärker, als es tatsächlich ist, weil der Endei einfach ein ausgesprochen kleinwüchsiger Hirsch ist.

Barschtei, 17. Kopf: Auf diesem Bild sieht man ihm sein Greisenalter so richtig an.

◀ Barschtei, 17. Kopf: Der Hirsch wirkt nun generell körperlich ausgezehrt. Das hohe Alter lässt die Statur weniger mächtig erscheinen. Die dicken Gelenke bzw. die Gelenksstellung der Vorderläufe fallen besonders auf.

Die Ursache für die geschwollenen Gelenke wird, wie häufig bei alten Menschen auch, eine manifeste Gelenkarthrose aufgrund des hohen Alters gewesen sein. Durch die Entzündung hatte Barschtei sehr wahrscheinlich auch Schmerzen. Aber Wildtiere, insbesondere Rotwild, können einen für uns Menschen unfassbar hohen Schmerzpegel ertragen.

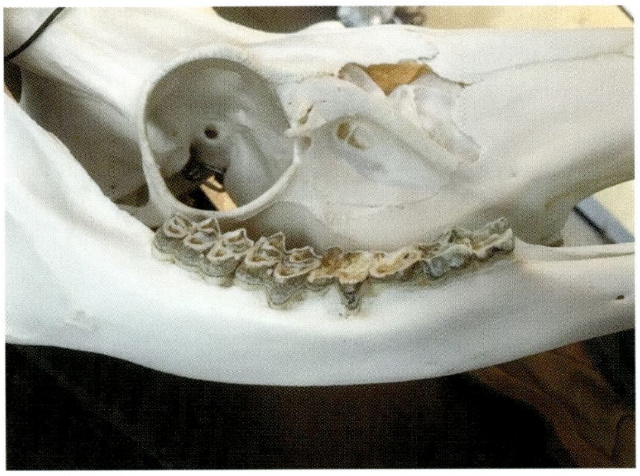

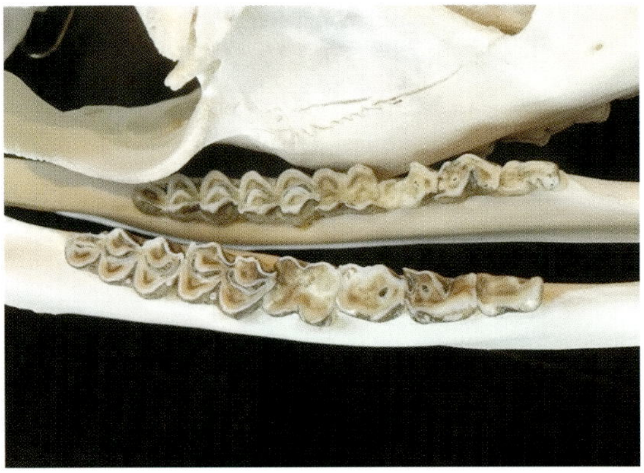

▲ Kiefer vom Barschtei, 18. Kopf

Barschtei, 18. Kopf: bei der Bad Hofgasteiner Hubertusmesse

Cäsar

Cäsar war einer der besten Hirsche vom Graukogel. Sein Geweih hatte seit jeher extreme Ausmaße. Bei seiner Erlegung war zwar die Endenzahl in den Kronen von der Fünfer-Krone zur Dreier- bzw. Vierer-Krone zurückgesetzt, dafür waren die Stangen um ca. 6 cm länger als ein Jahr zuvor (Stangenlänge: netto 112 cm, Auslage ca. 1 Meter). Er wurde von der Altersbewertungskommission der Pongauer Jägerschaft anlässlich der Bezirkshegeschau auf ein Alter von 15 Jahren eingestuft.

Während der Brunft hielt er sich meist in einem der benachbarten Reviere auf. Und wir freuten uns jedes Jahr, wenn er unbeschadet zu uns zurückkehrte. Es war mir schließlich selbst vergönnt, diesen ehrwürdigen Kempen nach seiner letzten Brunft zu erlegen.

◄► Cäsar, 9. Kopf: Dieser Hirsch wirkt noch ausgesprochen jugendlich. Besonders auffällig ist die farbliche Zeichnung seines Hauptes, schon im 9. Kopf sind die Grundzüge der Färbung seines „Gsichtls" ausgeprägt und haben sich bis zum 15. Kopf nicht mehr großartig verändert.

Wie auf den Fotos gut zu erkennen ist, hat sich Cäsar im 9. Kopf Aug- und Eissprossen vermutlich bei heftigen Brunftkämpfen abgebrochen. Diese Tatsache brachte ihm zunächst den Namen „Gstutzter Cäsar" ein.

Cäsar, 10. Kopf: Deutlich war der sogenannte „Zehnerschub" zu bemerken. Ab diesem Jahr konnte Cäsar für einen Berghirsch durchaus als kapital bezeichnet werden. Die Endenzahl seiner Kronen wechselte von Jahr zu Jahr, im 12. Kopf hatte er überraschenderweise auf der rechten Stange lediglich eine starke Gabel. Auch in Bezug auf sein Aussehen treten zwischen dem 9. Kopf und dem 10. Kopf extreme Unterschiede auf. Sowohl Statur als auch Haupt erscheinen deutlich reifer als ein Jahr zuvor.

Cäsar, 11. Kopf: Möglicherweise erscheint die Statur im Verhältnis zu Cäsars Geweih etwas gering. In diesem Fall entsteht dieser Eindruck allerdings aufgrund der für einen Berghirsch nahezu enormen Ausmaße seines Geweihs.

Cäsar, 11. Kopf (im Hintergrund Zwölferl, 12./13. Kopf)

Cäsar, 12. Kopf: Die meisten Altersmerkmale, die ein reifer Berghirsch nach den gängigen Ansprechregeln aufweist, sind beim Cäsar ab diesem Jahr vorhanden. Dieser stark mesomorphe Hirschtyp würde von den meisten Jägern wohl richtigerweise als reif erkannt werden. Der Widerrist tritt deutlich hervor, das Haupt erscheint dreieckig und der Äser wirkt breit. Lediglich die Rosenstöcke sind im Verhältnis noch relativ hoch.

Cäsar, 12. Kopf: In diesem Jahr hat seine rechte Stange anstatt einer Krone nur noch eine starke Gabel.

Cäsar, 13. Kopf

Cäsar, 13. Kopf: Nur in diesem Jahr entwickelte Cäsar aufgrund einer Bastverletzung einen abnormen Haken am Augspross. Durch Gespräche mit dem Berufsjäger vom benachbarten Anlauftal war es aufgrund dieser markanten Anomalie möglich, den Feistzeit- und Sommereinstand von Cäsar eindeutig zu bestimmen. Auch ihm war das „Hakei" am Augspross selbst auf große Entfernung sofort aufgefallen.

Cäsar, 14. Kopf: Der reife Eindruck tritt immer deutlicher in Erscheinung. Einzig in diesem Jahr wiesen beide Kronen fünf Enden auf. Mit der weiten, schreienden Auslage, den langen Aug-, Eis- und Mittelsprossen ist Cäsar für einen Berghirsch eine äußerst imposante Erscheinung.

Cäsar, 14. Kopf

Cäsar, 15. Kopf:
mit Balou

Endei

Unser Endei hat seinen Namen aufgrund eines auffällig abstehenden Endes in der Krone erhalten. Sein endenfreudiges Geweih weckte bei uns zunächst große Hoffnungen, doch letztlich wurden wir bezüglich der Geweihentwicklung etwas enttäuscht, da ab einem gewissen Entwicklungsstadium schon relativ frühzeitig ein „Zurücksetzen“ eintrat. Bei anderen reifen und alten Hirschen haben wir oft bis zum 14./15. Kopf eine entsprechende Steigerung beobachten können. Hinsichtlich der Geweihstärke war der Endei ein sogenannter „Stoandl-Hirsch“*.

Dennoch war der Endei ein hochinteressanter Charakterhirsch, der stets sehr jugendlich gewirkt hat. Er stellt wohl den Prototyp des ektomorphen Hirsches dar. Seine Stangen erscheinen durchaus kapital, das liegt aber daran, dass sein Korpus sehr klein geraten ist.

* Ein Stoandl-Hirsch kommt nicht zur Fütterung und versorgt sich selbst; deshalb sagt man, er ernährt sich von „Stoandln“ (Steinen), weil die karge Gebirgsgegend, in der er lebt, nicht viel mehr als Steine zur Äsung bereitstellt.

Endei, 9. Kopf: seine Augsprossen drehen sich hier schon leicht nach außen, ansonsten ist sein Geweih noch nicht besonders markant. Am linken Lauscher kann man ansatzweise einen leichten Einriss erkennen.

Endei, 10. Kopf: Seine zarte Statur sticht ins Auge. Das hintere, etwas abstehende Ende seiner linken Krone gab ihm seinen Namen.

Endei, 11. Kopf: der Einriss am linken Lauscher ist erkennbar, allerdings noch nicht extrem deutlich ausgeprägt.

Endei, 12. Kopf: Dieser Hirsch weist eine sehr heterogene Färbung auf. Besonders auffällig sind seine extrem dunklen Schlegel. Die Augsprossen drehen sich immer mehr nach außen.

Endei, 13. Kopf: Die Augsprossen sind bereits deutlich nach außen gedreht. Von der Seite her gesehen zeigt sich jetzt zudem ein Schwung nach unten. Den linken Lauscher zieren jetzt zwei signifikante starke Kerben bzw. Risse. Der Äser erscheint weiterhin spitz, und auch die Statur wirkt typischerweise zierlich.

▲ Endei, 14. Kopf: Die Trophäe ist ist nicht mehr so stark, er hat schon deutlich zurückgesetzt. Die beiden Risse sind nun auch eindeutig von seitlichem Blickwinkel her zu erkennen.

▶ Endei, 14. Kopf: Der Schwung im rechten Eisspross aufgrund einer Bastverletzung ist hier gut erkennbar.

Endei, 14. Kopf

In der Brunft war unser Endei stets standorttreu, und wir konnten uns auf sein Erscheinen verlassen. Er wurde im mindestens 15. Kopf von meinem Vater gestreckt. Bei seiner Erlegung hatte er erneut zurückgesetzt, was in diesem Alter ja nicht so verwunderlich ist. Die nach außen gekrümmten Augsprossen waren für diesen Hirsch im höheren Alter charakteristisch. Auch Xylander hatte diese ungewöhnliche Form der Augsprossen, war im gleichen Gebiet beheimatet, aber im Verhältnis um vieles kapitaler (um die 192 Punkte laut CIC, ebenfalls im 14./15. Kopf).

▲ Endei, 15. Kopf: Interessantes und uriges, aber auffällig schwaches „Stoandl-Hirsch-Geweih", das aber im Verhältnis zu seiner zierlichen Statur eigentlich relativ stark wirkt.

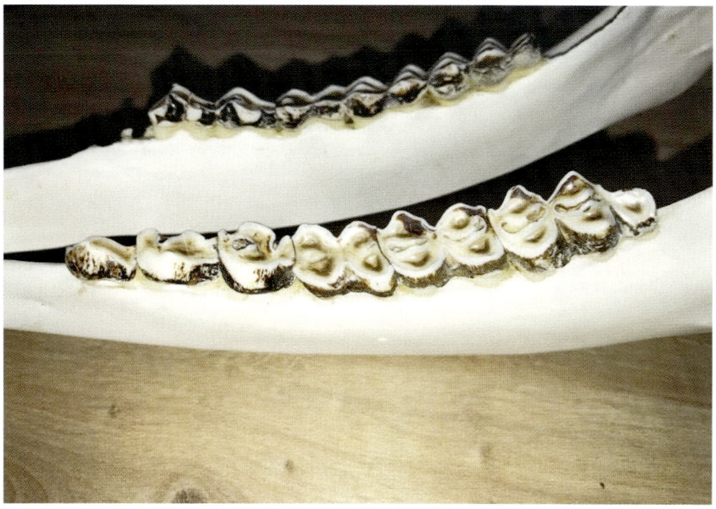

▲ Kiefer vom Endei, 15. Kopf

Der Helle

Der Helle war im Gegensatz zum Endei ein Hirsch, der schon sehr früh reif gewirkt hat. In einem Jahr hatte der Hirsch links einen ungewöhnlich langen Eisspross, der zugleich den Mittelspross ersetzte. Im Jahr seiner Erlegung durch Herrn KR Otto Schmid war der Helle mindestens im 14. Kopf. Seine Kronen hatten sich in diesem Jahr besonders interessant und urig entwickelt (siehe S. 163).

▲ Der Helle, 7./8. Kopf: Das Geweih war niemals wirklich kapital. Im Verhältnis zum restlichen Geweih waren jedoch die Aug- und Eisprossen stark ausgeprägt.

Der Helle, 8./9. Kopf

Der Helle, 8./9. Kopf: Am Beispiel des Hellen kann man gut ermessen, wie leicht man sich unter Verwendung herkömmlicher Regeln zum Ansprechen täuschen kann: Aug- und Mittelsprossen sind im Verhältnis zu den Stangen lang, seine Statur ist stark, auch der Träger zeigt sich massig (dieser Eindruck mag allerdings auch aufgrund der ausgeprägten Brunftmähne entstehen).
Auf den Bildern rechts (besonders beim oberen Bild) erscheint der Helle auf den ersten Blick tatsächlich reif. Sogar das Haupt hat von der Seite her gesehen schon eine Dreiecksform. Zugegeben, es gibt auch Bilder, bei denen man bei der Betrachtung dieser Kriterien sehr wohl auf sein noch unreifes Alter schließen kann.
Aber Tatsache ist, dass schlechte Lichtverhältnisse, Druck bzw. Stress, eine jagdliche Entscheidung treffen zu müssen, oder das beeindruckende Erlebnis einer spannenden Jagdsituation an sich bei so einem Hirsch besonders leicht zu einer Fehlentscheidung führen können.

Der Helle, 9./10. Kopf: Seine markantesten Erkennungszeichen sind die Stellung seiner Stangen und seine charakteristischen langen Eissprossen. Die Kronen haben sich manchmal (wie hier im Vergleich zum Vorjahr) drastisch verändert. Der Name „Der Helle“ ist eigentlich aufgrund der Ähnlichkeit der Geweihcharakteristik mit einem in früheren Tagen erlegten, auffällig hellen Hirsch entstanden.

Der Helle, 10./11. Kopf: Sein interessantestes Geweih hat der Helle in diesem Jahr aufgesetzt. Seine linke Stange wird von einem überlangen Eisspross geprägt. Der linke Mittelspross fehlt, dafür ist auf dieser Seite eine für den Hellen ungewöhnlich hohe Dreierkrone gewachsen. Ein außergewöhnlicher Berghirsch!

Der Helle, 11./12. Kopf: In diesem Jahr zeigt der Helle wieder sein normales Geweih. Am rechten Foto ist die Form des Geweihes gut zu sehen: schräg verlaufend bis zum Mittelspross, dann relativ gerade werdend, kürzere Kronen, die nach innen stehen. Beide Lauscher zeigen an der oberen Seite jeweils eine kleine Einkerbung.

Der Helle, 12./13. Kopf: In diesem Jahr trägt er sein stärkstes Geweih, es wirkt auch ansprechend im Verhältnis zum Korpus. Die langen Augsprossen und markanten Eissprossen sind dominierend. Die Kronenenden sind noch immer kurz, die Kerbe an der Lauscheroberseite rechts ist gut zu erkennen. Der Helle ist nun wirklich reif und hat ein majestätisches Erscheinungsbild.

Der Helle 13./14. Kopf: Ein alter Geist im Nebel, in diesem Jahr hat er bei Brunftkämpfen seine linke Stange knapp oberhalb vom Mittelspross abgebrochen. Die rechte Krone erscheint brandig.

Der Helle,
13./14. Kopf

▲ Der Helle, 14./15. Kopf: Im Jahr seiner Erlegung durch Herrn KR Otto Schmid waren auf einmal beide Kronen ungewöhnlich fächerförmig angeordnet, die einzelnen Enden maßen kaum mehr als die Finger einer menschlichen Hand und endeten beinahe in einer Ebene. Gerade aufgrund seiner interessanten Kronen und des reifen Alters wird der Helle zu einem außergewöhnlichen Charakterhirsch.

Knobbl

Knobbl zeichnete sich seit jeher durch einen unglaublich weiten Korb mit extrem dünnen Stangen aus. Es kam daher öfters vor, dass seine Aug- oder Eissprossen abgebrochen waren. Im 9. Kopf hatte er an seiner linken Stange anstatt eines Augsprosses ein durch eine Bastverletzung hervorgerufenes, knopfartiges Gebilde. Und so tauften wir ihn „Knobbl". Auffällig erscheint der plötzliche Farbwechsel des Hauptes („Gsichtl") im Vergleich zur Trägerbehaarung. Für den aufmerksamen Betrachter ist auf den Bildern in diesem Übergangsbereich zwischen Haupt und Träger zudem ein dünnes schwarzes Bändchen zu erkennen.

▼ Knobbl, 8. Kopf

Knobbl, 9. Kopf: Deutlich ist die namensgebende Bastverletzung an der linken Stange zu sehen.

Knobbl, 10. Kopf: Durch sein glattes, dunkles „Gsichtl“ wirkt er noch eher jung. Auffällig sind die ausgeprägt hohen Rosenstöcke. Der Bug vor allem vom rechten Augspross ist markant. Der weite Korb mit den dünnen, aber langen Stangen sind Knobbls Markenzeichen.

Knobbl, 11. Kopf: In diesem Jahr ist der Eisspross der rechten Stange abgebrochen, nach wie vor stechen dem aufmerksamen Betrachter die hohen Rosenstöcke ins Auge. Das dunkle Band ist auf diesem Bild auch gut zu erkennen.

Knobbl, 12. Kopf: Die Stangen nehmen in jeder Hinsicht an Länge zu. Das führt unter anderem zu langen Enden.

Knobbl, 12. Kopf

Knobbl, 13. Kopf: Und wieder fehlt auf der einen Seite ein Augspross und auf der anderen ein Eisspross. Wahrscheinlich sind sie bei heftigen Brunftkämpfen abgebrochen.

Knobbl, 13. Kopf

Knobbl, 14. Kopf: Sein letztes Geweih maß an der längeren Stange gigantische 114 cm!

Maxl

Unser Maxl war eine ausgesprochen eigenartige „Hirschpersönlichkeit“. Das mag allerdings auch daran gelegen haben, dass er seit Anbeginn meiner Zeit im Kötschachtal ein zierlicher, greisenhafter Senior war. Und zudem veränderte er sich in seinen letzten Jahren kaum noch.

Für mich entstand durch sein Aussehen und sein Verhalten der Eindruck, dass es sich beim Maxl eher um ein „Es“ als um einen majestätischen, hirschgerechten „Er“ handelte. Er war überaus vorsichtig und bedächtig. Maxl passt ebenfalls perfekt in das Schema des ektomorphen Hirschtyps. Herkömmliche Ansprechregeln versagen bei so einem Hirsch zur Gänze. Das ermöglicht einem Hirsch dieser Sorte meist ein langes Leben. Er schlupft sozusagen durch, weil sein Alter völlig unterschätzt wird und auch sein Geweih gerade gut genug ist, dass er nicht als Hirsch der Klasse III, also noch jünger, geschätzt wird. Zudem fällt das Geweih auch zu wenig auf, um genügend Eindruck zu hinterlassen bzw. das Risiko eines Fehlabschusses einzugehen.

Wahrscheinlich ist unser Maxl gerade aufgrund seines greisenhaft hohen Alters als Fallwild geendet. Unser BJ Toferer hat den verendeten Hirsch eines Tages zufällig gefunden. Bewertet wurde er mit einem Alter vom 19. Kopf. In jedem Fall handelt es sich beim Maxl um einen der ältesten Hirsche in diesem Buch.

◄ Maxl, 14. Kopf: Für einen Hirsch im besten Alter wirkt er sehr zierlich und von der Statur her beinahe weiblich. Die meisten Jäger würden wahrscheinlich niemals erraten, dass es sich hier um einen sehr reifen Hirsch handelt. Auch Maxl hat einen auf natürliche Weise entstandenen deutlich sichtbaren Einriss an seinem linken Lauscher. Eine Bastverletzung führte in diesem Jahr zu einer abnormen Stellung der linken Stange.

Maxl, 15. Kopf: Sein Haupt ist schmal und spitz, der Vorschlag ist so gut wie nicht vorhanden. Ein entsprechender Widerrist ist ebenfalls kaum zu erkennen.

Maxl, 16. Kopf: Sehr gut zu erkennen ist der markante Einriss des linken Lauschers. Vor allem in der Winterdecke fällt die rote Färbung am Trägeransatz auf – dieses Merkmal deutet in der üblichen Altersschätzung auf einen älteren Hirsch hin.

Maxl, 17. Kopf: Schwer zu beschreiben, aber sein „Gsichtl" hat für mich ein drolliges und vor allem äußerst jugendliches Aussehen. Von der Seite her betrachtet hat Maxl alles andere als ein dreieckig wirkendes Haupt. Allerdings ist bei jedem Hirsch in diesem Altersbereich ein körperlicher Verfall bzw. ein Nachlassen der physischen Körpermerkmale zu erwarten.

◄▲ Maxl, 18. Kopf: Man beachte die extrem stark ausgebildete Hungerluke auf dem rechten Bild – der körperliche Verfall ist ab diesem Jahr nicht mehr zu übersehen. Auch bei der konventionellen Methode der Altersschätzung würde dieses nun stark in Erscheinung tretende Merkmal als Zeichen für ein ausgemergeltes, besonders altes Stück gelten. Für einen Hegeabschuss war seine körperliche Verfassung zu diesem Zeitpunkt noch zu gut, und sein Verhalten war extrem heimlich geworden. Diese Tatsache erschwerte die Bejagung enorm. Auch als Hirsch der Klasse III konnte Maxl nicht erlegt werden, da seine rechte Stange immer noch eine zu große Gabel aufwies. Und so durfte dieser alte Recke noch ein Jahr älter werden, bis er schließlich verendet gefunden wurde.

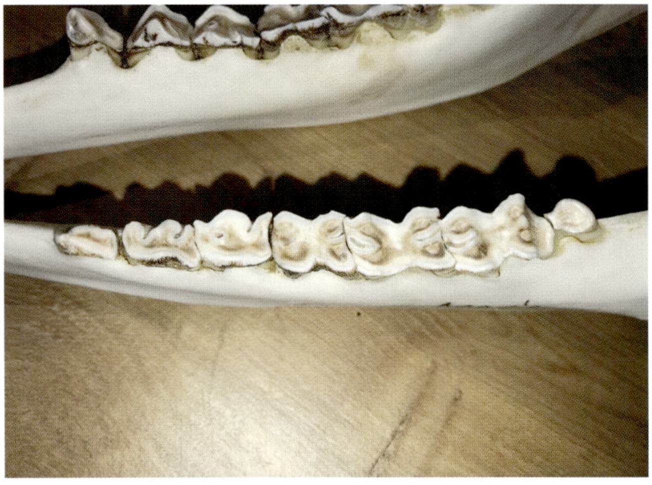

◄ Kiefer vom Maxl, 19. Kopf

Bombi – ein Beispiel für einen jüngeren Berghirsch

Bombi war ein Hirsch, der auch schon in sehr jungen Jahren einen kapitalen Eindruck vermittelte. Tatsächlich wies sein Geweih zwar lange Enden auf, aber es war extrem „dünnstanglert“. Man könnte ihn auch als typischen „Prahler“ bezeichnen. Da er versehentlich schon im 10. Kopf erlegt wurde, wissen wir leider nicht, wie er sich mit höherem Alter noch entwickelt hätte, doch ich wage zu behaupten, dass er niemals starke Stangen bekommen hätte.
Im Generellen hatte Bombi übrigens eine frappierende Ähnlichkeit mit dem um Jahre älteren Schleicher. Diese durchaus gegebene Verwechslungsmöglichkeit war allerdings nicht die Ursache für die verfrühte Erlegung.

◄► Bombi, 6. Kopf: In diesem Alter ist Bombi ganz leicht als junger Hirsch in der Mittelklasse anzusprechen. Die gängigen Regeln zur Altersbestimmung können in diesem Fall ohne Weiteres angewendet werden. Hohe Stirnzapfen, typisches Entwicklungsstadium des Geweihes, dünner Träger, jugendliche Statur usw.
Bis zum ca. 8. Kopf sind die meisten Hirsche relativ gut nach allgemein gültigen Ansprechregeln altersmäßig zu taxieren.
Zumindest lässt sich sagen, dass sich der Hirsch in der Mittelklasse befindet. Auch die Klasse III lässt sich für den halbwegs Geübten normalerweise gut feststellen. Schwer wird das Ansprechen des jeweiligen Alters dann im Übergangsstadium vom gehobenen Mittelklasse-Hirsch zum reifen Hirsch.
Denn ab dem 8. Kopf ist der Hirsch zumeist physisch vollkommen ausgewachsen, und dann passen die herkömmlichen Regeln der Altersansprache eben vom Hirschtyp abhängig häufig nicht mehr.

Bombi, 7. Kopf: Der Hirsch ist seit dem Vorjahr gewachsen und hat sich entwickelt, die Mittelklasse kann noch leicht festgestellt werden, aber das genaue Alter ist kaum eindeutig bestimmbar. Wenn jemand diesen Hirsch als mindestens 5 und höchstens 7 Jahre alt anspricht, liegt er jedenfalls richtig. Die Behauptung, der Hirsch hätte eindeutig den 7. Kopf, könnte man bei diesem Hirsch nicht ruhigen Gewissens aufstellen. Diese Aussage könnte nur von demjenigen eindeutig getroffen werden, der diesen Hirsch vom 1.Kopf an kennt!

Bombi, 8. Kopf: Seine Jugend ist noch relativ gut zu erkennen, aber es haben doch deutliche Veränderungen in Richtung Klasse I stattgefunden.

Bombi, 9. Kopf: Dem Schleicher zum Verwechseln ähnlich (siehe S. 197).

Bombi, 9. Kopf: Im Vergleich zum Vorjahr erkennt man eine deutliche Veränderung in Richtung Klasse I.
Jetzt könnte sich wahrsacheinlich von der Jagdsituation abhängig der eine oder andere Jäger hinsichtlich des Alters täuschen.

Das Geweih hat eine ausgewogene Masse-Verteilung, die Augsprossen sind entsprechend lang, der Träger wirkt massiv. Anfang der Brunft treten Merkmale wie der breite Träger noch stärker hervor. Es kommt während der Feistzeit zu einer enormen Zunahme des Trägerumfanges.

Aber auch der oft als Merkmal für ein reifes Alter verwendete keilförmige Körperbau ergibt sich gegen Ende der Brunft häufig lediglich aufgrund der extremen Abnahme des Körpergewichtes und kann somit als Ansprechregel irreführend sein.

Schleicher – der reife König mit dem jungen Haupt

Auch diesen Hirsch durfte ich selbst erlegen, wenn es auch länger gedauert hat als von unserer Seite her geplant. Schleicher hatte Zeit seines Lebens ein dunkles, glattes und schlichtweg jung wirkendes „Gsichtl". Er wurde mit einem Alter von 14 Jahren bewertet, war aber unseren Beobachtungen nach wohl ein wenig älter.

Ich versuchte schon ein Jahr zuvor diesen Hirsch zu erlegen, aber ein jüngerer, uns bekannter Hirsch vertrieb unseren Schleicher von seinem angestammten Brunftplatz. Ich durfte damals zwar Zeuge der Vertreibung des „Königs vom Feldherrenhügel" sein, konnte aber keinen Schuss anbringen. Und nach dieser ungeplanten „Herrschaftsübergabe" ließ sich Schleicher in jenem Jahr nicht mehr auf seinem Hügel blicken. Ein Jahr später stellte er sich erneut wie gewohnt auf seinem „Feldherrenhügel" ein.

▲ Schleicher, 6./7. Kopf

Schleicher, 7./8. Kopf: Noch passt das jugendliche Aussehen in etwa zum tatsächlichen Alter.

Schleicher, 8./9. Kopf: Ab diesem Jahr wirkt er kräftig und majestätisch, das mag nicht zuletzt auch an seiner starken Geweihentwicklung mit den auffallend langen Enden liegen.

Schleicher, 9./10. Kopf: Die Geweihverbesserung deutet auf den „Zehnerschub“ hin.

Schleicher, 9./10. Kopf (im Hintergrund): Die Ähnlichkeit mit dem jüngeren Bombi (7. Kopf, im Vordergrund) ist frappierend.

Schleicher, 10./11. Kopf: Nur in diesem Jahr trägt er beiderseits Vierer-Kronen. Alle Enden wirken extrem lang, das ist unter anderem auch der Tatsache geschuldet, dass die Stangenlänge nicht viel mehr als 90 cm beträgt. Ab diesem Jahr weist sein rechter Lauscher einen tiefen Einschnitt auf. Auffällig glattes, spitzes Haupt. Die Statur ist, wenn auch typische Altersmerkmale weitgehend fehlen, eher als stark zu bezeichnen.

Schleicher, 11./12. Kopf: In diesem Jahr weist er links eine Vierer-Krone und rechts eine Dreier-Krone auf. Auffällig: das spitz zulaufende Haupt und die dunkle Färbung des Hauptes.

Schleicher, 12./13. Kopf: Nach wie vor hat der Schleicher ein auffällig glattes und auch eher dunkles Haupt. Besonders das sogenannte dreieckige Haupt, das man bei so einem reifen Hirschen laut Ansprechregeln erwarten würde, fehlt von der Seite her gesehen komplett. In diesem Jahr zeigt er beidseitig Dreier-Kronen.

Schleicher, 13./14. Kopf: Immer noch wirkt das Gesicht glatt und jugendlich. Vielleicht treten die Lichterbögen jetzt etwas deutlicher hervor. Die Rosenstöcke heben sich noch ab, das Haupt besitzt auch in diesem Jahr noch keine ausgeprägte Dreiecksform.

▶ Schleicher, 14./15. Kopf: Ein äußerst reifer und durchaus kapitaler Berghirsch. Gut zu erkennen ist der tiefe Einriss seines rechten Lauschers. Inzwischen haben auch die Stangen eine Länge von knapp über einen Meter erreicht. Das Haupt erscheint nach wie vor am Äser sehr schmal.

◀ Schleicher, 14./15. Kopf: bei der Hubertusmesse der Bad Hofgasteiner Jägerrunde

▼ Kiefer vom Schleicher, 14./15. Kopf

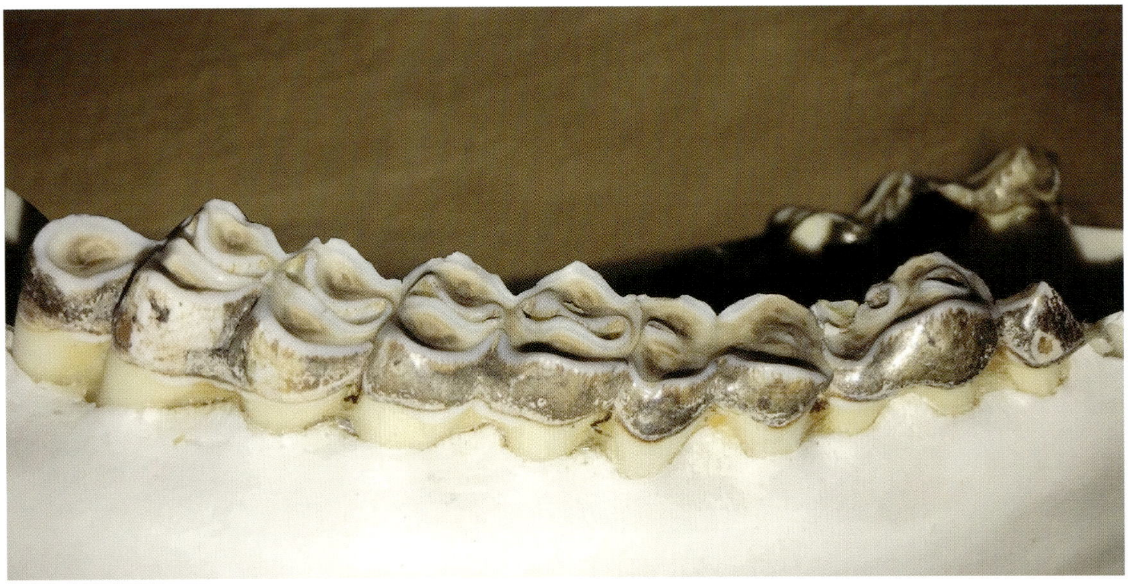

Sichla – ein Unruhe stiftender Raufer

Dieser stets umtriebige Hirsch trat vor allem im Winterfütterungsbereich recht aggressiv auf und verwickelte andere Hirsche germe in eine Rauferei. Er war hinsichtlich seiner körperlichen Ausmaße mächtig und stellte die entsprechende Rangordnung unermüdlich her. Das brachte öfters große Unruhe in den von uns wohlbehüteten Fütterungsbereich.
Dieser Hirsch meldete zeitweise bis lange nach der üblichen Brunftzeit. Auch wenn dieses Verhalten durch ein altes, spät brunftiges Tier hervorgerufen wurde, meldete und brunftete der Sichla meist konkurrenzlos. Er verhielt sich dabei quasi „wie ein Irrer". Aus diesem Grund versuchten wir diesen Hirsch schon bald zu erlegen. Das gelang uns aber einfach nicht, wobei er in einem Jahr riesiges Glück hatte und mit einem Krellschuss glimpflich davonkam. Und so kam es, dass unser Sichla letztlich richtig alt wurde, obwohl er schon ab dem 9./10. Kopf einen ordentlich reifen Eindruck machte und viele Merkmale eines alten Hirsches nach den gängigen Regeln für die Altersansprache aufwies. Er ist daher eindeutig als mesomorpher Hirschtyp einzuordnen.

Sichla, 9. Kopf: Bereits im 9. Kopf wirkt das Haupt dreieckig

Sichla, 10. Kopf: Es stechen Merkmale wie Widerrist, hängender Ziemer und dreieckig wirkendes Haupt ins Auge. Die herkömmliche Methode der Altersansprache kann ohne Weiteres zu einem verfrühten Abschuss führen, wenn das Zielalter – wie bei uns üblich – bei 12 Jahren liegt.

Sichla, 11. Kopf: In der Frontalansicht sind die innerhalb der Augsprossen stehenden Eissprossen für den Sichla typisch sowie die weit auseinandergedrehten Augsprossen selbst.
Es fällt auf, dass die Rosenstöcke schon im 11. Kopf extrem niedrig sind. Auch sonst würde man eher auf einen älteren Hirsch tippen. Die gesetzlich geforderten 10 Jahre wären zwar erfüllt, aber das Kiefer würde wohl enttäuschen.

Sichla, 11. Kopf: Sämtliche Merkmale eines reifen Hirsches sind auch laut Schulbuch vorhanden. Ein Hirsch des mesomorphen Typs ist ab einem gewissen Alter leicht anzusprechen. Im Mittelklasse-Bereich besteht allerdings die große Gefahr, einen zu jungen Kandidaten zu erlegen.

Sichla, 12. Kopf: Das Haupt erscheint von der Seite her gesehen schon beinahe quadratisch, der „Goder“ ist extrem stark ausgebildet. Normalerweise kann gerade dieses Merkmal – sofern es vorhanden ist – ein relativ probates Ansprechmerkmal für einen reifen Hirsch darstellen.

Sichla, 12. Kopf: Ein ungewöhnlicher Hirsch in seinem Element – Brunft zu Unzeiten ist sein „Markenzeichen".

Sichla, 13. Kopf: Und wieder brunftet er mitten im Winter

Sichla, 14. Kopf: Ab dem 12. Kopf treten keine wesentlichen Veränderungen hinsichtlich der Altersmerkmale auf. Die Kronen verändern sich zwar jedes Jahr leicht, allerdings bleibt stets ihr typischer Eindruck bezüglich Stellung und Form erhalten. Auch der Eisspross der linken Stange fehlt ab dem 12. Kopf.

Sichla, 15. Kopf: Auf dem rechten Bild macht das „Gsichtl" einen leicht alternden Eindruck. Die Rosen scheinen schon seitlich vom Haupt herunterzurutschen, die Rosenstöcke sind kaum vorhanden – das Geweih wirkt wie auf das Haupt geklebt.

Wachl – ein typischer „Durchschlupfer“

Der Wachl war ein ektomorph gebauter Hirsch, der für uns hinsichtlich seines Alters zunächst sehr schwer einzuschätzen war. Es handelte sich um einen schwachen Eisspross-Zehner, und auch sein äußerst zierliches Erscheinungsbild ließ eher auf einen Hirsch der Klasse III als auf einen reifen Einserhirsch schließen. Allein das gleichbleibende, nicht mehr stärker werdende Geweih und das letzten Endes an einen Greis erinnernde „Gsichtl“ führte zur Erkenntnis, dass es sich um einen wirklich alten Senior handeln musste. Ein Wesenszug dieses Hirsches war, dass er unglaublich scheu auftrat und überdies meist erst spät im Winter an der Fütterung erschien. Wir hatten jedenfalls niemals eine Möglichkeit, diesen interessanten „Durchschlupfer“ zu erlegen. Zum Glück konnte der uralte Hirsch in der benachbarten Gemeindejagd aufgrund eines klassenlosen Abschusses von Herrn Hubert Weitgasser erlegt werden, denn möglicherweise hätte er das nächste Frühjahr ohnehin nicht mehr erlebt.

Ab dem ca. 12 Kopf hatte er an seinem rechten Lauscher eine augenscheinliche Kerbe. Das Geweih veränderte sich hingegen so gut wie überhaupt nicht. Lediglich im 16. Kopf war anstatt einer Gabel ein Spieß auf seiner rechten Stange zu sehen.

In seinem letzten Jahr war die Gabel allerdings wieder beidseitig vorhanden.

Bewertet wurde Wachl mit einem Alter vom 17. Kopf, er könnte aber durchaus ein klein wenig älter gewesen sein. Das Alter macht den Rothirsch edel – genau deshalb ist der unscheinbare Wachl doch einer der herausragendsten Charaktere, obwohl seine Trophäe nie etwas Besonderes an sich hatte.

Es ist in jedem Fall nur einer äußerst geringen Anzahl an Jägern vergönnt, einen derart alten Hirsch zu strecken! Aus dieser verschwindend kleinen Wahrscheinlichkeit heraus sollte für jeden fermen hirschgerechten Rotwildjäger ein derart reifer Hirsch unabhängig von der Qualität des Geweihes an oberster Stelle seiner Wünsche stehen.

▶ Wachl, 11. Kopf: Ein typischer ewiger Durchschlupfer!

Wachl, 12. Kopf

Wachl, 13. Kopf: Im Hintergrund sieht man den Krebsgabel-Hirsch (11. Kopf).

Wachl, 14. Kopf: Lediglich die niedrigen Stirnzapfen verraten sein Alter.

Wachl, 14. Kopf: ein alter
Geist im Schneesturm

Wachl, 14. Kopf

Wachl, 14. Kopf: Der gekerbte rechte Lauscher sticht ins Auge. Die Färbung seines Hauptes ist am ehesten mit dem „Gsichtl“ vom alten Maxl vergleichbar.

Wachl, 15. Kopf: Der Trägeransatz zeigt sich in der Winterdecke rötlich, manchmal erscheint auch das Haupt dreieckig, aber aufgrund seiner zierlichen Statur gehen diese Merkmale unter.

Wachl, 16. Kopf: In diesem Jahr hat er an der rechten Stange einen Spieß anstatt einer Gabel. In Bezug auf seine Statur zeigt sich keine signifikante Veränderung. Das mag aber auch daran liegen, dass er von Beginn meiner Aufzeichnungen an schon zierlich und unscheinbar war. Hier zeigen sich deutliche Parallelen zum Maxl.

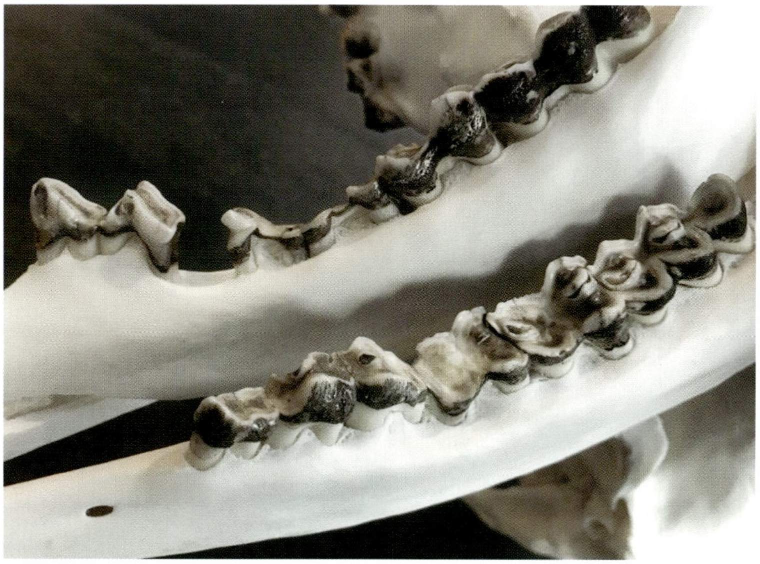

▶ Kiefer vom Wachl, mindestens 17. Kopf

Wapiti – ein majestätischer Hirsch

Unser Wapiti war stets ein Hirsch mit einem mächtigen Geweih. Er stach durch seine Auslage und seine langen Kronenenden sofort ins Auge. Zudem war er am Brunftplatz stets ein laut meldender und auffällig agierender Platzhirsch. Das häufige Melden sowie sein „schreiendes Geweih" brachte ihm zunächst den Namen „Wapitischreier" ein.

Es war eine helle Freude, diesen Hirsch in der Brunft beobachten zu dürfen. Wenn Wapiti röhrend aus dem Rotgold des Lärchenwaldes trat, schien der Boden zu zittern und das Geschehen rund um den Hirsch fror förmlich ein.

Und wehe, ein anderer Hirsch stellte sich „seiner Majestät" in den Weg! Dem Kontrahenten wurde sofort und ohne zu zögern klar gemacht, wer hier das Sagen hatte. Einmal konnte ich miterleben, wie Wapiti einen starken Hirsch laut röhrend durch eine ganze Bergseite trieb.

Neben den Wapiti-Kronen war ein Merkmal seines Geweihes der zunächst beidseitig fehlende Eisspross. Ab dem 11. Kopf entwickelten sich dann allerdings sehr kurze, rudimentär erscheinende Eissprosse. Sein Geweih selbst war glatt und hatte keine ersichtliche Perlung. Ein weiteres Merkmal, das ihn sicher von anderen Hirschen unterschied, waren seine auffällig parallel gestellten Augsprossen. Auch die weite, schreiende Auslage fiel sogleich auf. Später kam als Erkennungszeichen noch ein Einriss, der wie eine gestanzte Ohrmarke wirkte, an seinem rechten Lauscher hinzu.

▼ Wapiti, 9. Kopf

Wapiti, 10. Kopf: Bei genauem Hinsehen kann man an der Unterseite seines linken Lauschers eine kleine Unregelmäßigkeit erkennen.
Diese Erscheinung ist aber zu unauffällig, um den Hirsch daran zu erkennen.

Wapiti, 10. Kopf: Die Rosenstöcke scheinen noch ein wenig hoch zu sein.

Wapiti, 11. Kopf: Er wirkt älter, als er eigentlich ist. Der kleine Eisspross ist ab diesem Jahr vorhanden. Deutlich zu erkennen ist auch der wie gestanzt wirkende Einriss am rechten Lauscher.

Wapiti, 12. Kopf: Mit seinen parallel stehenden Augsprossen, dem Einriss im rechten Lauscher, den langen Mittelsprossen mit entsprechendem Winkel, den kurzen, unscheinbaren Eissprossen und den auffälligen Wapiti-Kronen mit den langen Enden ist dieser Hirsch einfach leicht zu erkennen. Sein majestätisches „Gsichtl" und die schreiende Auslage machen „seine Majestät" unverkennbar.

Mein Vater mit dem Wapiti im 13. Kopf

Woidl – ein einfach alt wirkender Hirsch

Der Woidl war ein Hirsch, der immer einen reifen Eindruck gemacht hat und älter wirkte, als er wirklich war. Letztlich zeigte sein Kiefer zwar einen Abschliff vom ca. 13. Kopf, doch wir hatten eher erwartet, es mit einem uralten Hirsch zu tun zu haben. Der Hirsch ist nach Walter, dem Wirt der Prossau benannt.

Woidl, 9. Kopf: Woidl ist einer derjenigen Hirsche, die vor dem 9. Kopf schon einen mehr als reifen Eindruck machen. In diesem Fall sind herkömmliche Altersbestimmungsregeln absolut unbrauchbar. Bei diesem Hirsch ist ein „konventionelles" Merkmal, das sonst eigentlich recht sicher ist, ebenfalls irreführend: Die ungewöhnlich niedrigen Stirnzapfen (siehe Bild oben) lassen eher einen älteren Hirsch vermuten. Auch das von der Seite her gesehen dreieckig wirkende Haupt samt dem „Goder" und der ausfallend breite Träger schon in frühen Jahren verleiten zur Annahme, der Hirsch sei älter. Der Äser selbst erscheint breit und verleiht dem Haupt ein kurzes, gedrungenes Aussehen.

▶ Woidl, 10. Kopf

Woidl, 10. Kopf: Wieder ein Bild, auf dem ein vermeintlich sehr alter Hirsch zu sehen ist. Das Haupt, die niederen Rosenstöcke, der Träger und der Widerrist sowie die auffällig rote Färbung verbunden mit einer gedrungenen, tiefen Statur würden den herkömmlichen Regeln nach einen mindestens 12-Jährigen erwarten lassen!

Woidl, 11. Kopf: Den Woidl habe ich meist schon an seiner gedrungenen Statur erkannt. Das Geweih bleibt in seiner Form weitgehend unverändert. Auch hier möchte ich auf die wie „draufgepickt" wirkenden Rosen hinweisen.

Woidl, 12. Kopf: Erst jetzt passen die Statur- und andere gängige Altersmerkmale zu seinem tatsächlichen Alter. Allerdings hat er auch im 9. Kopf schon so ausgesehen und sich praktisch nicht mehr großartig verändert. Auch sein Geweih hat keine wesentlichen Veränderungen gezeigt.

Josy – unser „Sir“

Dieser Hirsch verbrachte wohl sein ganzes Leben im Kötschachtal, ohne unser Revier jemals verlassen zu haben. Josy hatte im 12. Kopf am linken Hinterlauf eine Verletzung. Wir haben auf einen möglichen Hegeabschuss verzichtet. Der Hirsch wurde von uns allerdings hinsichtlich seiner Laufverletzung akribisch beobachtet, und mit großer Erleichterung konnten wir schließlich seine vollständige Genesung feststellen. Damals hat vor allem unser Berufsjäger auf das Beobachten gedrängt, wofür ich ihm letztlich zu großem Dank verpflichtet bin, denn vier Jahre später durfte ich selbst diesen grandiosen, uralten Berghirsch zur Strecke bringen.

Das Hochgefühl ist unbeschreiblich, wenn man einen Hirsch erlegen darf, den man über lange Jahre beim Heranreifen beobachten konnte. Und selbst der Verzicht auf einen Abschuss, wie gerade beim Josy mit seinem abnormen Geweih im 12. Kopf, führt letztlich zu einer enormen Steigerung des Erlebniswertes. Denn immer schwingt die Gefahr mit, dass es nie zu einer Belohnung in Form einer realen „Beute“ kommen könnte. So vieles kann geschehen, so viel Unerwartetes kann eintreten, bevor ein Hirsch wirklich reif ist. Und genau aus diesem Gedanken heraus stellt das bewusste Erlegen eines Hirsches wie Josy die absolute Krönung der Hochwildjagd dar.

▲ Josy, 9. Kopf: Josy hat für einen Hirsch in diesem Alter auch als Berghirsch ein eher schwaches Geweih aufgesetzt. Auf dieser Doppelseite kann man besonders gut erkennen, dass in der Regel um den 10. Kopf ein deutlicher „Schub“ hinsichtlich Geweihentwicklung stattfindet.

▶ Josy, 10. Kopf

Josy, 11. Kopf: Der besondere Schwung seiner Stangen ist markant. Der Äser erscheint nicht ganz so spitz, aber von vorne sieht sein „Gsichtl“ auffallend jugendlich aus.
Eine für Josy typische Eigenheit waren seine im Verhältnis zum Geweih kurzen Augsprossen. Deutlich kann man – von vorne betrachtet – beiderseits einen markanten Bug in seinen Augsprossen erkennen, die bis ins hohe Alter kurz blieben. Ich kann mich daran erinnern, dass mich ein Jäger bei der Landes-Hubertusmesse gefragt hat: „Wie alt glaubst du, dass der Josy ist, seine Augsprossen sind ja sehr kurz?!“
Auch die Ansprechregel der mit dem Alter länger werdenden Augsprossen ist eben bei weitem keine hundertprozentig sichere Methode zur Altersschätzung. Ich kenne im Gegenzug genügend Beispiele für Hirsche, die schon in jungen Jahren auffallend lange Augsprossen haben.

Josy, 11. Kopf: Der Bug oder besondere Schwung seiner Stangen ist auch von der Seite erkennbar.

Josy, 12. Kopf: In diesem Jahr verletzte sich Josy am linken Hinterlauf. Und zur selben Zeit weist seine rechte Stange eine abnorme Veränderung oberhalb des Mittelsprosses auf. Die Bilder auf dieser Doppelseite zeigen einmal mehr, dass ein Hirsch immer von mehreren Blickwinkeln her betrachtet werden sollte. Die abnorme Krone der rechten Stange hat fünf Enden. Am linken Bild „versteckt" sich das äußerste der drei oberen Enden, am rechten Bild ist das kurze Ende oberhalb des Stangenknickes unsichtbar! Auch Josy hat ab diesem Jahr eine signifikante natürlich entstandene „Marke" am rechten Lauscher.

Josy, 12. Kopf: Auffällig sind zum Beispiel seine eher eng stehenden Rosen sowie die Eissprossen, die von vorne gesehen nach oben ragen und deutlich seitlich neben den Augsprossen stehen. Der Korb des Geweihs ist ebenfalls markant, obwohl durch die Abnormität der rechten Stange ein leicht veränderter Winkel vorhanden ist. Ich finde auch sein „Gsichtl" einzigartig, auch wenn ich nicht genau beschreiben kann, warum. Am ehesten liegt es an dem breiten Dunkel der Stirn im Vergleich zu den hellen Stellen oberhalb der Lichter und dem weißen, aber sehr schmalen Kehlbart.

Hier kann man die abnorme Fünfer-Krone gut erkennen.

Josy, 13. Kopf: Die Fünfer-Krone der rechten Stange ist zur markanten Vierer-Krone geworden. Erst jetzt schaut Josy wirklich reif aus. Der Träger wirkt zwar noch eher dünn, aber Vorschlag und dreieckiges Haupt sowie breiter Äser sprechen Bände. Im 12. Kopf wäre er – nach diesen Regeln angesprochen – als eher jünger eingeschätzt worden.

Josy, 14. Kopf: Kein Zweifel mehr! Auch nach allen probaten Regeln der gängigen Methoden zur Altersansprache wird Josy jetzt als reifer Hirsch bewertet werden!

Josy, 15. Kopf: Sein stärkstes Geweih trug er wohl in diesem Jahr. Die Bilder auf dieser Doppelseite sind aus zweierlei Gründen interessant: Erstens verdeutlichen sie die situationsabhängige Wahrnehmung der Färbung, die durch unterschiedliche Lichtverhältnisse (z. B. Stand der Sonne bzw. Schatteneinwirkung etc.) entstehen kann: Das linke Bild zeigt ein graues Stück, dessen Farbe uns von vorneherein an einen alten Hirschen denken lässt. Auf dem rechten Bild lässt sich durch die Färbung des Hirsches zunächst nichts Auffälliges herleiten (wobei beide Bilder annähernd zur selben Zeit in der Winterdecke entstanden sind).

Josy, 15. Kopf: Zweitens zeigt der Vergleich beider Bilder, wie unterschiedlich das Geweih aus verschiedenen Blickwinkel aussieht. Auf dem linken Bild scheint die rechte Vierer-Krone sehr eng gestellt zu sein. Auf dem rechten Bild verhält es sich mit der Krone der linken Stange so.

Josy, 15. Kopf: Zunächst war Josy in der höheren Position beim Kampf mit dem jüngeren, aber stärkeren Remsi. Diesem gelang es im Verlauf des Gefechts, den Platz von Josy einzunehmen. Von der höheren Position aus war es für Remsi leicht, Josy zu Fall zu bringen und den Platz zu beherrschen. Der König war geschlagen.

Bei der Salzburger Landes-Hubertusmesse: der damalige Landesjägermeister Sepp Eder, BJ Gerhard Toferer und die Berufsjägerdelegation Pongau (v. l. n. r.).

▶ Bei seiner Erlegung waren die Endenzahl sowie die Länge der Enden deutlich geringer, die Stangenumfänge sowie die Rosenumfänge waren stark geblieben. Immerhin ergab die Auswertung der Trophäe noch knapp an die 180 i.P. bei einer ansprechenden Stangenlänge von rund einem Meter. Josy war in diesem Jahr auch „Landes-Hubertushirsch".

Josy, 16. Kopf: bei der Hubertusmesse der Jägerrunde Bad Hofgastein mit meinem Sohn Benjamin

DAS UNGLAUBLICHE JAHR 2014 ODER DER UNGLAUBLICHE JOSY

Ich darf vorausschicken, dass der Zahl 14 in meinem Leben große Bedeutung zukommt. Ich selbst bin am 14. August geboren, und auch meine drei Söhne haben jeweils an einem 14. das Licht der Welt erblickt. Das Jagdjahr 2014 ließ mich auf ein ganz besonderes Jagdjahr hoffen, wenngleich sich zu Beginn der Kahlwildjagdzeit im Mai das erhoffte Jagdglück äußerst zögerlich einstellte. Ich hatte zwar stets einen guten Anblick, doch Schmaltiere sah ich in den vielen mühsamen (Tagwache um 3:00 Uhr, nach dem Ansitz den ganzen Tag im Dienst) Ansitz-Versuchen ewig nicht, während meine Jagdkameraden beinahe bei jedem Ansitz wie selbstverständlich zu Schuss kamen.

Auch beim Rehbock wollte es einfach mit dem Erlegen nicht klappen, dabei hatte ich vor der Schusszeit schon auf kürzeste Entfernung mehrere Böcke ausgemacht und einem alten Bock nach bestem Wissen und Gewissen intensiv nachgestellt.

Doch aus vorangegangenen Jahren wusste ich, dass sich das Jagdglück irgendwann einmal wieder einstellen würde, und oft kommt nach einer besonders langen Durststrecke etwas Großes und Unglaubliches! Ja, etwas ganz unfassbar Großes musste da auf mich zukommen, dessen war ich mir gewiss, zumindest glaubte ich fest an meine Glückszahl 14! Die unglaublichsten Jagdgeschichten muten allerdings stets als Jägerlatein an und vor allem geschehen sie doch äußerst selten, vielleicht überhaupt nur ein einziges Mal im Jägerleben! Zugegeben, jedes Jagderlebnis ist für sich speziell und einzigartig, und jedem Jungjäger ist sein erstes Stück unvergesslich, doch in einem über Jahrzehnte erworbenen jagdlichen Erfahrungsschatz kommen in Wahrheit wenige absolut unglaubliche Geschichten vor. Und manchmal, noch viel, viel seltener, wird das Unglaubliche erst durch die Verbindung zweier oder mehrerer Geschichten beziehungsweise bedeutender Fakten augenscheinlich!
In diesem Jahr sollte mir ein Kötschachtaler Hirsch nicht aus meinem Kopfe gehen. Denn heuer war es so weit: unser Josy hatte die Altersgrenze von 12 Jahren, die wir uns selbst auferlegt hatten, weit überschritten und war somit zur Ernte freigegeben! Seit jeher hatte ich diesen Hirsch ins Herz gefasst und vielleicht sogar ein klein wenig als meinen Hirsch betrachtet. Doch wusste ich aus früheren Erfahrungen, dass man einen Abschuss niemals vorausplanen konnte, da selbst unser Berufsjäger niemals den Lauf der Dinge bezüglich der Hirschbrunft vorauszuschauen im Stande war. Deshalb legte ich mich eigentlich nicht absolut auf Josy fest, aber insgeheim hatte ich mir eine „Wunschreihenfolge" zurechtgelegt: Klarer Wunschkandidat Nummer eins war der Josy, dann folgte der alte Sichla und an dritter Stelle kam der kapitale Cäsar. Freilich war mir bewusst, dass jeder der drei Hirsche bei Möglichkeit sofort zu erlegen gewesen wäre, dennoch klammerte ich mich insgeheim vorsichtig an meine Wünsche.

Zwar gab es in unserem Revier noch weitere alte jagdbare Hirsche, die bei Anblick unverzüglich erlegt werden sollten, dennoch genoss ich es, mir diese geheime Wunschliste vor mein geistiges Auge zu führen. Zudem war mir zu diesem Zeitpunkt bewusst, dass es möglicherweise mein letzter Hirsch in diesem kaiserlichen Revier sein könnte, weil die Pachtperiode lediglich das laufende und das darauffolgende Jahr andauern würde und der Pachtvertrag für die kommende Periode noch nicht im Reinen war. Ich hatte also zwei Jahre Zeit, meinen Kötschachtaler zu erlegen!

Um wieder auf „meinen" Josy zu kommen: Im vorhergehenden Jahr hatte sich mein Lieblingshirsch während der Brunft in der Reed gegenüber der Reedkanzel in den sogenannten Windwurfschlägen eingestellt. Im Sommer zeigte er sich 2013 verlässlich im Aakar oder im angrenzenden Tischlerkar knapp unterhalb des Gletschers. Aakar und Tischlerkar bildeten generell unser bestes Rückzugsgebiet für das Rot- und Gamswild. Dort oben in diesen riesigen Karen, die zur Nationalpark-Kernzone gehören, hat das Wild in den wildromantischen karstigen Geröllhalden seine heilige Ruhe. Und zwischen all den Felsen und dem Geröll unterhalb des Tischlerkarkäs-Gletschers finden sich die zartesten und frischesten Gräser und Kräuter. Das Gebiet ist nur in extrem langen Märschen von bis zu 6 Stunden erreichbar, und „hochalpine Kondition" stellt die Grundvoraussetzung für eine Begehung dieser Hochgebirgskare dar. Durch die Summe dieser Faktoren haben wir dort oben ein Wildparadies von höchster Güte. Und auch in diesem Jahr erschien Josy zunächst im Tischlerkar und später auch im Aakar.

Während ich Anfang September schon erfüllt von Vorfreude auf die bald beginnende Brunft war, erschütterte mich eine behördliche Ankündigung zutiefst: Ausgerechnet am heiligen Rupertitag, dem 24. September, sollte in meiner Apotheke die sogenannte Visitation stattfinden! Bei der Visitation handelt es sich um eine behördliche Betriebsprüfung hinsichtlich der Erfüllung pharmazeutischer Standards und Einhaltung aller apothekenspezifischer Vorschriften. Nicht dass diese ca. alle fünf Jahre stattfindende Prüfung durch die oberste Gesundheitsbehörde und der Apothekerkammer ein Problem für meinen Betrieb gewesen wäre, aber die Tatsache, dass diese Visitation mitten in der Hirschbrunft und genau zum Zeitpunkt meines geplanten „Hirschbrunfturlaubes" durchgeführt werden musste, lag mir schon schwer im Magen. Denn die Tage zuvor sind immer mit viel Arbeit für das ganze Team verbunden, und meine Anwesenheit war unabdingbar. Jedenfalls waren die Vorzeichen für einen erholsamen jagdlichen Urlaub von einem Tag auf den anderen ungünstig geworden. Ich versuchte im Vorfeld alle Aufgaben zu bewältigen und so gut es eben ging vom Arbeitsleben abzuschalten. Am besten, so dachte ich, würde dies bei einer Übernachtung in der „Reedkanzel" gelingen. Dort oben war man telefonisch schwer erreichbar und absolut alleine in der wilden Natur, umgeben von idyllischer Bergromantik. Vielleicht gab es dort oben schon Brunfbetrieb oder interessante Dinge zu beobachten. So brach ich am 15. September gegen 13:00 Uhr die Einsamkeit am Berg suchend in Richtung Reed auf. Der Lemmerersteig vom Plattenkar in die Reed ist zwar hinsichtlich seiner Steigung sehr moderat, dennoch ist er aufgrund von Löchern, rutschigen Steinen und Wurzeln sehr anspruchsvoll. Doch die eigentliche „Kraxlerei" beginnt beim Abstieg über den Windwurfschlag.

Denn dort lagen Bäume jeder Art und Länge kreuz und quer, zudem musste man durch kleine „Klapfeln" (= größere Stein- bzw. kleinere Fels-Hindernisse) steigen. Und egal, welche Variante man zum Absteigen wählte, letztlich blieb es jedes mal eine einzige „Kraxlerei". Zum Glück war ich früh genug dran, denn der Schlag hielt mich erneut auf. Nachdem ich die Kanzel erreicht und bezugsfertig gemacht hatte, öffnete ich das Fenster und begutachtete die jenseits des Graben liegende, mir direkt gegenüber befindliche Seite. Im unteren Bereich des Gegenhanges setzte sich auf weiter Flur der Windwurfschlag mit seinem für die Hirschbrunft bekannten „Feldherrenhügel" fort. Dann folgte nach oben ein guter Einstand aus mächtigem Altholz, der zur rechten Seite in einen Jungwald überging. Und dieser Jungwald lichtete sich im oberen Bereich zum Kohlschlagerl.

Unter dem beschriebenen Einstand führte der Steig zum touristisch stark frequentierten Reedsee entlang, der dann an der rechten Seite des Kohlschlagerls bergauf führte. Das Kohlschlagerl selbst war nur noch klein, von Jungwuchs durchwachsen und vor Ort steil und überriedelt (Riedl = Geländekante; überriedelt bedeutet, dass man über eine Geländekante nicht drübersehen kann). Wenn man dort entlang aufstieg, konnte man nur einen kleinen

Teil einsehen. Dort war das Rotwild – im Bewusstsein, vor der Entdeckung durch Menschen verborgen und sicher zu sein – absolut vertraut. Aber von der gegenüberliegenden Seite waren das Schlagerl und seine zusammenhängenden Grünflächen gut einzusehen. Es konnte vorkommen, dass Rotwild fünfzig Meter neben den ahnungslosen Touristen friedlich äste. Ich konnte auch in den letzten Jahren stets einen alten, reifen Hirsch in diesem Kohlschlagerl beobachten.

Und genau dort, im linken oberen, beinahe zugewachsenen Eck, stand der Josy! Er war da! Anmutig, mit Würde und einem Ausdruck von Kraft und Stärke präsentierte er sich seinem kleinen Kahlwildrudel. Er zog einem Tier nach, verschwand hinter jungen Fichten, um erneut für kurze Zeit röhrend in Anblick zu kommen. 550 Meter betrug die Entfernung zu mir.

Fünf Jahre zuvor hatte ich auf dem besagten Schlagerl im Nahkampf auf 10 Meter schon einmal einen alten Recken erlegt. Doch seit dieser Zeit hatte sich das Schlagerl stark verändert, sämtliche Bäumchen waren jetzt zu jungen Bäumen geworden. Ich konnte nur hoffen, dass Josy hinunter zum Feldherrenhügel ziehen würde, denn wenn ich die Kanzel verlassen und rund 100 Meter hinunter in Richtung Graben absteigen würde, wäre die Entfernung zum Feldherrenhügel etwa 250 bis 300 Meter und somit ein Schuss möglich.

Mir war bewusst, dass Josy sich heute oder am kommenden Morgen kaum dort einstellen würde. Das störte mich keineswegs, denn alleine seine Anwesenheit im Reedbrunftkessel erfüllte mich mit Freude und Genugtuung. Kurze Zeit darauf erschien der Schleicher, ein sehr kapitaler Hirsch von 10–11 Jahren. Den Schleicher hätte ich also erlegen können, weil der Feldherrenhügel von meiner Kanzel aus relativ leicht bejagt werden konnte. doch es kam mir gar nicht in den Sinn, die Kanzel zu verlassen und einen Versuch zu wagen. Denn im Sinn hatte ich nur noch den reifen, über 12 Jahre alten Josy. Das änderte sich auch dann nicht, als plötzlich der Helle, ebenfalls ein alter Hirsch, 20 Meter vor meiner Kanzel stand und in der Dämmerung zu mir hereinröhrte, dass die Kanzel zu wackeln begann. Ich konnte mich ob des nahen und so wunderbaren Anblicks der Freudentränen kaum erwehren. Die Entscheidung, den Hellen nicht zu erlegen, was für mich aus der Kanzel ein Leichtes gewesen wäre, wurde mir durch die Tatsache erleichtert, dass die linke Stange oberhalb des Mittelsprosses abgebrochen war.

Es schien mir zu schade, diesen braven Hirsch mit abgebrochener Stange am ersten Tag meiner vielleicht vorletzten Hirschbrunft in unserem wunderbaren Hochgebirgsrevier zu erlegen. Und schließlich hatte ich ja den Josy als meinen diesjährigen Traumabschuss auserkoren.

Die Nacht gestaltete sich relativ ruhig, und ich fiel in meinem Schlafsack in tiefen, von Zufriedenheit gekrönten Schlaf. Lediglich zweimal wurde ich durch lautes, sehr nahes Röhren in meiner Nachtruhe gestört. Wie schön war es doch, mitten unter unseren Berghirschen zu schlafen und zu wissen, dass die Kanzel den Brunftbetrieb nicht störte. Wobei wir selbstverständlich vorsichtig waren und das Leben auf der Kanzel nach sehr strengen Regeln ablief. Eine dieser Regeln bestand darin, dass ausnahmslos in eine Flasche zu urinieren war, um die Kanzel nur ja nicht öffnen zu müssen. Erst beim Verlassen der Kanzel durfte diese Flasche entleert werden.

Am nächsten Morgen war es ruhig, ab und an vernahm ich entferntes Röhren, wohlwissend, dass die Hirsche zwar schon zu Holze gezogen waren, sich aber dennoch in der näheren Umgebung aufhielten.

Ich wartete, bis die Sonne sicher am Schlag stand, dann machte ich mich daran, die wüste Windwurfschlag-Landschaft bis zum Lemmerersteig zu erklimmen. Beim Anstieg war immer wieder das Röhren der Hirsche zu hören – einem fernen Gruß gleich.

Zwei Tage später beobachtete ich vom Tal aus, wie mein gesuchter Hirsch sich wieder im Kohlschlagerl zeigte. Obwohl die Entfernung mehrere Kilometer betrug, konnte ich den Josy eindeutig erkennen. Am Freitag, dem 19. September, startete ich einen erneuten Versuch mit einer Übernachtung in der Kanzel, obwohl das Wetter sich ungünstig gestaltete. Allerdings sei an dieser Stelle erwähnt, dass im Jahr 2014 das Wetter den gesamten Sommer über bis jetzt katastrophal gewesen war. Täglicher Regen stellte die Norm dar, und wir waren diese schottischen Verhältnisse bereits gewohnt. Aber die Kanzel war ja wind- und wetterfest.

Für Samstag war eine gemeinsame Kanzelübernachtung mit unserem Berufsjäger geplant. Gerhard wollte auch wieder einmal mitten unter seinen Hirschen übernachten. Zuvor mussten wir noch einen Zug Heu bei unseren Fütterungen einlagern.

Kaum war ich am Freitag in der Kanzel angekommen, bemerkte ich, dass sich das Kohlschlagerl schon herbstlich zu verfärben begann. Ein erster rötlicher Schwarzbeerstaudenpolster, so dachte ich bei mir. Erst nach geraumer Zeit belehrte mich der Blick durch das Fernglas eines besseren: Der feuerrote Fleck war der Josy, der zu mir herüberleuchtete. Doch kaum hatte ich ihn entdeckt, entschwand er meinen Augen. Ich ärgerte mich zunächst schrecklich über meine Fehleinschätzung, hätte ich doch eine gute Gelegenheit gehabt, den Josy im Sonnenlicht auf ein Foto zu bannen. Diese einmalige Gelegenheit hatte ich verpasst.

Jetzt freilich glaste ich das Schlagerl unentwegt ab, doch erfolglos. Mir fielen zwar bald ein paar kahle Äste auf, aber auch diesmal habe ich zunächst nicht wahrgenommen, dass der Josy da eine geschlagene Stunde im Schlag gebettet lag und die kahlen Äste seine markanten Stangen waren, die aus dem Jungwald ragten. Er hatte sich ganz einfach an Ort und Stelle niedergetan. Was dann folgte war für die späteren Entscheidungen maßgeblich.

Josy erhob sich, folgte und überwachte drei Stück Kahlwid, die im Kohlschlagerl vertraut ästen. Der Hirsch zog im jungwalddurchsetzten Schlag röhrend und brunftend umher, stets sein kleines Kahlwildrudel im Auge behaltend. Er zog von links nach rechts, leicht bergauf, dann wieder zurück. Schließlich erschien er an der rechten Seite vom Schlag und zwar genau an jener Stelle, an welcher ich fünf Jahre zuvor den „Korbaten" erlegt hatte. Er war nun direkt am Reedsteig und hielt sich dort eine Stunde auf.

Mehrmals erwog ich, den Hirsch direkt anzugehen, aber ein Blick auf die jungen Lärchen vor meiner Kanzel ließ mich erkennen, dass bei dieser Windsituation eine erfolgreiche Pirsch so gut wie ausgeschlossen war.

Am nächsten Morgen stand der Josy im Morgengrauen erneut inmitten seines Schlagerls, seinem angestammten Brunftplatz. Ein wenig bereute ich es schon, den Versuch am Abend zuvor nicht gewagt zu haben. Dafür fasste ich jetzt den festen Entschluss, bei einer ähnlichen Konstellation und besserem Wind sofort zusammenzupacken und Fortuna herauszufordern.

Für den heutigen Morgen allerdings war jegliche Chance unwiderruflich vorbei, denn Josy wechselte in seinen Tages-Einstand zurück. Aber zunächst machte ich mich auf den Weg zum Treffpunkt, um wie besprochen beim Heueinlagern zu helfen.

Leichten Fußes stieg ich den Windwurfschlag hinauf, da ich bis auf die Büchse die gesamte Ausrüstung auf der Kanzel ließ. Gut gelaunt kam ich bei der Graukogelfütterung an und half mit, die Heuballen im Fütterungsstadel zu verstauen. Dem Krauti, einem jungen Förster, fiel meine gute Laune auf und er schloss daraus, dass ich wohl einen „Hirsch auf der Geh'" hätte.

Ich schilderte Gerhard die Situation und mein wild entschlossenes Vorhaben. Denn eines wusste ich nur zu genau: Ist ein Hirsch auf seinem Platz eingestellt, gilt es nun einmal so rasch wie möglich zu handeln, denn ewig bleibt er in der Regel nicht da. Und gerade in der Brunft kann sich die Lage stets total und absolut überraschend wenden!
Mein reifer, gesuchter Hirsch war da, ich war an Ort und Stelle und meine Büchse stand

griffbereit! Zudem schien heute – zumindest bis zum Abend – eine halbwegs günstige Wetterlage mit stabilerem Wind vorzuherrschen. Mehr als eine so gute Möglichkeit konnte der heilige Hubertus gar nicht zur Verfügung stellen.

Gegen 13:15 Uhr machten Gerhard und ich uns auf den Weg zur Kanzel. Und während wir uns auf der Kanzel gemütlich einrichteten, stellten wir fest, dass mitten im Kohlschlagerl zwei „Beerenbrocker" Preiselbeeren pflückten. Zwar war das Rotwild durch den regen Betrieb an Menschen gewohnt, allerdings könnte es natürlich zu einer für uns ungünstigen zeitlichen Verschiebung kommen. Gerhard meinte, dass jetzt mit einem Auftauchen vom Josy am Feldherrenhügel zu rechnen sei: „Da unt'n wird's heut brandgefährlich!"

Erst fünf Minuten nachdem die Sonne am Kohlschlagerl verschwunden war, stiegen die beiden Beerensammler ab. Keine 20 Minuten später erschien der Josy links vom Kohlschlagerl im Jungwald, und ich sagte zum Gerhard: „Jetzt müss' ma sofort zusammenpacken und Gas geben! Wir hab'n maximal eine Stunde Zeit, bis der Josy am besagten Ort steht."

In Windeseile packten wir das Notwendigste zusammen, zogen die Bergschuhe an und kraxelten die Leiter hinunter. Gerhard schlug den direkten Weg in Richtung Brunftkessel ein, wir gingen sozusagen auf unserer Bergseite parallel zum Kohlschlagerl in Richtung Bach. Das hatte den Vorteil, dass wir entlang von Wildwechseln rasch vorwärts kamen und auch an der höher gelegenen Stelle leichter den Bach überqueren konnten. Zudem ersparten wir uns das Überwinden von ein paar Höhenmetern, weil wir uns entlang einer Höhenschichtlinie bewegten.

Während wir uns in kürzester Zeit unserem Ziel näherten, meldete Josy stetig. Als wir am Reedsteig waren, vernahmen wir ihn noch sehr gut, und am Kohlschlagerl angekommen fragte ich Gerhard: „Glaubst es dalei'ts (wir können es riskieren), wenn wir über die erste Kant'n in die Mitt'n vom Schlagl geh'n, dann hör' ma den Hirsch besser melden. Außerdem ist der Wurz'lplatz komplett zug'wachs'n." Der

Gerhard meinte: „ Ja, der steht eh no weiter drüben, des dan ma (tun wir).“ Gesagt, getan. Wir schlichen uns vorsichtig, jeden Schritt sorgfältig vor den anderen setzend, zu unserem Ziel. Doch – wie sehr wir auch nach einem erfolgversprechenden Platz zum Abfangen des Hirsches Ausschau hielten, es war kein zufriedenstellender Ort zu finden. Zudem war Eile geboten.

„Wir sand am End' vom Schlag“, raunte mir Gerhard zu. Wir mussten wohl oder übel bei dieser letzten Wurzel bleiben, die Sicht betrug maximal 20 Meter und war zudem von jungen Zirben, Lärchen und Fichten durchsetzt. Wir blieben an Ort und Stelle, indem wir uns halb verdeckt auf einer aufgedrehten Wurzel vorichtigst niederließen. Ich würde freihändig schießen müssen oder im günstigsten Fall den Bergstecken zu Hilfe nehmen können. Voraussetzung für einen Schuss in diesem lichten Jungwald war, das Geweih möglichst früh zu sehen. Nur wenn seine Stangen aus dem Wäldchen ragten, würde ich mich von Josy unbemerkt vorbereiten können. Wir waren so unglaublich leise bis zu dieser Stelle gekommen, doch jetzt war kein Ton von Josy zu vernehmen. Überriedelt waren wir hier nicht mehr, und wenn er röhren würde, müssten wir ihn eigentlich sehr gut hören können. Hatten wir ein Tier abgetreten oder waren wir zu weit in Josys Wohnzimmer vorgedrungen? Auf der jetzt gegenüberliegenden Seite war die Brunft hingegen in vollem Gange. Wir saßen schon eine Stunde da, und mehrmals musste ich meine Stellung durch geringfügiges Rutschen ändern, um mein eingeschlafenes Hinterteil abwechselnd mit meinem tauben Oberschenkel zu entlasten.

Das Wetter schien auch wieder schlechter zu werden. Wolken begannen die hohen Gipfel des Kötschachtales zu umspielen. Am Talausgang hing eine graue Regenfront. Es begann zudem schon leicht zu dämmern.

„Vielleicht kann so ein Vorgehen nur einmal funktionieren, und das war ja schon vor fünf Jahren der Fall. Alles riskiert, alles verloren, heut werden wir in der Reedseehütte übernachten, doch den Josy kriegen wir nimmer", dachte ich für mich.

Doch plötzlich hörte ich vor uns im Jungwald ein zaghaftes Kören. Der Hirsch war da, oder hatte ich mich getäuscht? Gerhard hatte nichts gehört, er saß hinter mir und hatte auch keine freie Sicht. Kurz darauf vernahm ich den Hirsch erneut, genau vor uns. Dann folgte ein lauter Ruf gerade vor uns und ich hob die Büchse zum Schuss an. Der nächste Röhrer erschallte etwas höher, mir schien, der Hirsch würde eher nach oben wegziehen.

„Soll ich zur nächsten Wurzel?", raunte ich Gerhard zu. Er nickte, ich erhob mich in gebückter Haltung, das Gewehr im halben Anschlag und bewegte mich ganz sachte zur nächsten, etwa fünf Meter höher gelegenen Wurzel. Nach ungefähr zwei für mich endlos scheinenden Metern hielt ich inne, denn von dieser Stelle konnte ich an einer Fichtenreihe entlang ein wenig weiter in den Jungwald sehen.

Da sah ich im schon dusteren Dämmerlicht ein paar kahle Äste aufstehen. Zur Sicherheit hob ich die Büchse und spähte durch mein Zielfernrohr, das schon auf die kleinste Vergrößerung eingestellt und bei dem selbstverständlich der Leuchtpunkt eingeschaltet war. Bei den Ästen handelte es sich um sonnengebleichte Wurzelausläufer, also alles normal.

Doch dann erspähte ich plötzlich die Viererkrone und die Spitzen der Dreierkrone vom Josy. Die Art und Weise, wie die Stangen zunächst in der Bewegung verharrten und sich anschließend bewegten, ließ darauf schließen, dass Josy schon in Alarmbereitschaft war und uns schon bemerkt hatte. Und dann schob er sich leise im Stechschritt nach vorne. Das Gewehr schussbereit, in halb gebückter Stellung folgte ich seiner geisterhaft schwebenden Bewegung, um bei der kleinsten Möglichkeit zu schießen. Doch immer wieder waren Lärchenwipfel in der Schusslinie. Als er verhoffte, konnte ich unter seinem Geweih einen Teil seines Hauptes und hinten einen kleinen Streifen vom Ziemer sehen. Ich wusste genau, wo ich hinhalten musste, um im Leben zu sein, aber zwei Junglärchen verdeckten genau jene tödliche Stelle. „Soll ich diesen Schuss riskieren?", fragte ich mich, dann war der kurze Moment vorbei. Der Hirsch war hinter einer größeren Zirbe verschwunden. Ich suchte mir eine Stelle zwischen zwei Zirben, wenn Josy da auftauchen würde, könnte ich schießen. Ich wagte kaum zu atmen und verharrte bewegungslos im Anschlag. Die Zeit dieser Reglosigkeit erschien mir quälend lange. Doch dann kam der Josy zurück, stieß ein tiefes Schrecken aus und zog in die Fichtenreihe bergauf.

▲ Das Kohlschlagerl ist zugewachsen und unübersichtlich.

Ich sprang ganz leise die letzten Meter zur Wurzel, um dann vorsichtig durch die Verästelungen zu spähen (siehe Bild auf S. 277 oben – Ausschnitt 1 – und das Detailbild 1 in Mitte). Dabei bewegte ich mich von unten nach oben und sah, dass maximal 20 Meter entfernt der Hirsch über einen Riedel spähte und ebenfalls den „Stingel" nach oben reckte, seinen Träger lang machte. Irgendeine Bewegung mochte er bemerkt haben, aber was wirklich los war, schien er nicht nicht zu erkennen.

▲ Die Wurzel mit den beiden „Sichtlücken“, durch die ich auf Josy gezielt habe.

▶▼ Der Ausblick aus den beiden „Sichtlücken“.

Ich überlegte kurz, einfach aufzuspringen und zu schießen, verwarf den Gedanken aber sogleich wieder und verharrte in dieser halb gekrümmten Position – beim Anblick Aug in Licht mit dem Josy erstarrt. Dann drehte er sich noch einmal nach oben weg, und ich nutzte genau diese Bewegung, um rechts an der Wurzel eine Lücke zum Durchschießen zu finden (siehe Bild oben – Ausschnitt 2 – und das Detailbild 2 unten) und das Ziel zu erfassen.

Da war Platz zum Durchschießen, jetzt war die Gelegenheit da!

Noch einmal drehte er sich mir zu, den Träger immer länger machend, um neugierig spitz zu mir zu verhoffen. Ich fand ein kleines Dreieck an der rechten Seite vom Stich, zwischen Haupt und Gras, freihändig wackelte das Absehen wohl ein wenig, doch plötzlich stand es ruhig in diesem 10 cm großen Ziel. Der Schuss brach, und ich sah lediglich, wie sich das Geweih nach hinten weg bewegte. Ich drehte mich zu Gerhard um und flüsterte: „Hast das g'sehen?"

„Hast eam troff'n!!???", kam es von ihm zurück. „Hast eh g'merkt, dass genau in dem Moment, wia der Schuss g'fallen is, der Wind gedreht hat?" Und tatsächlich – die Schlechtwetterfront war da. Da es schon dunkel wurde, gingen wir sofort zum Anschuss, der nur 18 Meter entfernt war. Ich ging vor, doch der Josy war nicht da, wo ich ihn vermutet hatte. Zweifelnd drehte ich mich zu Gerhard um, der schon dabei war den letzten Bissen und den Bruch vom Baum zu brechen. Ich sagte: „Er ist nicht da, Gerhard!" Gerhard erwiderte: „Weidmannsheil!" Und ich wiederholte, dass er nicht da sei. Da sagte er mir, dass er den Josy schon liegen sah.

Und dann stand ich vor ihm. Ich muss gestehen, dass sich zu meiner unendlichen Freude auch ein Tropfen tiefster Wehmut gesellte, denn der Josy war nicht mehr.

◀ Just in dem Moment, als wir zum Hirsch kamen, begann es zu regnen und finstere Nacht brach herein.

▼ Er war im Feuer zusammengesackt und direkt hinter einem Stein beinahe zusammengefaltet zum Liegen gekommen.

▲ Kiefer vom Josy, 16. Kopf

◀ Mein glorreiches Lieferanten-Team – der Hirsch sollte ja unbeschadet zur Landes-Hubertusmesse der Salzburger Jägerschaft sowie zur Hubertusmesse der Bad Hofgasteiner Jägerrunde.

▼ bei der Hubertusmesse der Jägerrunde Bad Hofgastein

NOCH ZWEI BEISPIELE INTERESSANTER BERGHIRSCHE

Pichler

Dieser höchst interessante Hirsch namens „Pichler" endete bedauernswerterweise als Fallwild (aus demselben Jahr stammen die Fotos). Der alte Kempe hatte ein Alter um den 15. Kopf. Die genaue Ursache für das Verenden im Frühwinter konnte nicht eindeutig festgestellt werden, wobei Pichler an einem der beiden Vorderläufe eine alte, durchaus gröbere Verletzung aufwies. In der Brunft seines letzten Lebensjahres war jedenfalls keine Beeinträchtigung aufgrund einer Laufverletzung festzustellen gewesen. Im Gegenteil: Für so einen alten Hirsch war die Brunftaktivität extrem stark ausgeprägt!

Ein weiteres interessantes Detail: Der Rosenumfang vom Pichler war für einen Berghirsch nahezu gigantisch: er betrug 26 cm!

Krebsgabel-Hirsch bzw. Knödl-Hirsch

Der wegen seiner krebszangenartigen Gabelform als Krebsgabel-Hirsch bezeichnete Hirsch wurde später in Knödl-Hirsch umgetauft, weil er aufgrund einer Bastverletzung an der rechten Stange zunächst eine „knödelartige Masse" schob. Richtig eigenartig wurde das Ganze, als der Hirsch Anfang Jänner die gesunde Stange abgeworfen hatte. Wir rätselten zunächst lange herum, wie diese frühe Abwurfzeit möglich war. Im Frühjahr lüftete sich das Geheimnis, als Jagdkamerad Zauch die linke Stange in der Wurzel eines umgefallenen Baumes verheddert fand. Ein Teil des Rosenstockes war mit ausgebrochen, der Hirsch hatte sich also mit der eigentlich gesunden, normalen Stange unglücklich und unlösbar in der Wurzel verfangen und dann wahrscheinlich in höchster Panik kurzerhand die eingeklemmte Stange einfach aus dem Rosenstock gerissen.

In diesem Jahr wurde er dann in der Brunft erlegt – jetzt war die „Knödl-Stange" wieder normal und die linke ausgerissene Stange wuchs aufgrund des gebrochenen Rosenstockes abnorm.

▲ Krebsgabel-Hirsch, 11. Kopf: ein Jahr vor der Bastverletzung …

▲ … und die Petschaft der vom Hirsch selbst ausgerissenen gesunden Stange mit Teilen des Rosenstockes bzw. Schädels

Krebsgabel- bzw. Knödl-Hirsch, 12. Kopf

Krebsgabel- bzw. Knödl-Hirsch, 12. Kopf

Meine Eltern mit dem Krebsgabel- bzw. Knödl-Hirsch, 13. Kopf: Es ist durchaus interessant, dass sich die Abnormität der linken Stange trotz der enormen Verletzung des Rosenstockes in Grenzen hält.

WIDMUNG

Dieses Buch widme ich meiner verständnisvollen und geliebten Lebensgefährtin Sabine, meiner mich unterstützenden Familie und meinem Vater, der mich alles, was Jagd betrifft, von Kindheit an gelehrt hat.